第二版

投考公務員
基本法及國安法測試
模擬試卷精讀
BLNST Mock Papers

緊貼CRE形式、題型趨勢及深淺程度
密集操練 助你一次考入成爲公務員

Fong Sir 著

【序】

公務員薪高糧準，是不少人的理想工作，但無論你是考 JRE、CRE，抑或 紀律部隊，如要躋身公務員行列，都必須成功通過《基本法及國安法》測試（Basic Law and National Security Law Test，簡稱 BLNST）這道必經門檻。

《基本法及國安法》測試是一張設有中、英文版本的選擇題形式試卷。全卷共 20 題，考生須於 30 分鐘內完成。申請人如在 20 題中答對 10 題或以上，會被視為取得《基本法及國安法》測試的及格成績，有關成績可用於申請所有公務員職位。

持有《基本法及國安法》測試及格成績的申請人，日後將不會被安排再次應考《基本法及國安法》測試。

本書的內容由淺入深，務求幫你通過反覆操練達致最佳狀態，讓你成功在望。

PART ONE

基本法及國安法測試 模擬試卷
BLNST Mock Papers

PART TWO

基本法及國安法測試 模擬試卷答案
BLNST Mock Papers (Answer)

PART THREE

《基本法》及《國安法》條文及附件
About Basic Law & National Security

PART ONE
基本法及香港國安法測試

模擬試卷
BLNST: Mock Papers

全卷共 20 題，以多項選擇題為主。
應試者須在 30 分鐘內完成所有題目。

申請人如在 20 題中答對 10 題或以上，會被視為取得合格分數。

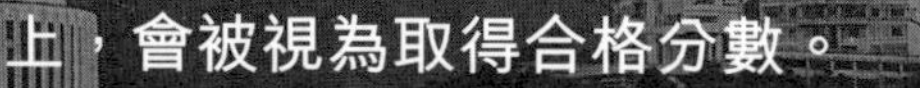

CRE-BLNST

文化會社出版社 **CULTURE CROSS LIMITED**

答題紙 ANSWER SHEET

請在此貼上電腦條碼
Please stick the barcode label here

(1) 考生編號 Candidate No.

(2) 考生姓名 Name of Candidate

(3) 考生簽署 Signature of Candidate

宜用H.B.鉛筆作答
You are advised to use H.B. Pencils

考生須依照下圖所示填畫答案：

23 A B C D E

錯填答案可使用潔淨膠擦將筆痕徹底擦去。
切勿摺皺此答題紙

Mark your answer as follows:

23 A B C D E

Wrong marks should be completely erased with a clean rubber.

DO NOT FOLD THIS SHEET

No.						No.					
1	A	B	C	D	E	21	A	B	C	D	E
2	A	B	C	D	E	22	A	B	C	D	E
3	A	B	C	D	E	23	A	B	C	D	E
4	A	B	C	D	E	24	A	B	C	D	E
5	A	B	C	D	E	25	A	B	C	D	E
6	A	B	C	D	E	26	A	B	C	D	E
7	A	B	C	D	E	27	A	B	C	D	E
8	A	B	C	D	E	28	A	B	C	D	E
9	A	B	C	D	E	29	A	B	C	D	E
10	A	B	C	D	E	30	A	B	C	D	E
11	A	B	C	D	E	31	A	B	C	D	E
12	A	B	C	D	E	32	A	B	C	D	E
13	A	B	C	D	E	33	A	B	C	D	E
14	A	B	C	D	E	34	A	B	C	D	E
15	A	B	C	D	E	35	A	B	C	D	E
16	A	B	C	D	E	36	A	B	C	D	E
17	A	B	C	D	E	37	A	B	C	D	E
18	A	B	C	D	E	38	A	B	C	D	E
19	A	B	C	D	E	39	A	B	C	D	E
20	A	B	C	D	E	40	A	B	C	D	E

CRE-BLNST
基本法及
香港國安
法測試

MC

文化會社出版社
投考公務員 模擬試題王

基本法及國安法測試
模擬試卷（一）

時間：三十分鐘

考生須知：

(一) 細讀答題紙上的指示。宣布開考後，考生須首先於適當位置貼上電腦條碼及填上各項所需資料。宣布停筆後，考生不會獲得額外時間貼上電腦條碼。

(二) 試場主任宣布開卷後，考生請檢查試題冊及確定試題冊內共20條試題。第20條後會有「**全卷完**」的字眼。

(三) 本試卷各題佔分相等。

(四) **本試卷全部試題均須回答**。為便於修正答案，考生宜用HB鉛筆把答案填畫在答題紙上。錯誤答案可用潔淨膠擦將筆痕徹底擦去。考生須清楚填畫答案，否則會因答案未能被辨認而失分。

(五) 每題只可填畫**一個**答案。如填劃超過一個答案，該題將**不獲評分**。

(六) 答案錯誤，不另扣分。

(七) 未經許可，請勿打開試題冊。

CC-CRE-BLNST

1. **根據哪一條條約，香港島被英國割佔？**

A. 北京條約

B. 望廈條約

C. 馬關草約

D. 南京條約

2. **以下哪些是現時列於《基本法》附件三的全國性法律？**

(i)《關於中華人民共和國國都、紀年、國歌、國旗的決議》

(ii)《中華人民共和國領事特權與豁免條例》

(iii)《中華人民共和國香港特別行政區駐軍法》

(iv)《中華人民共和國外國中央銀行財產司法強制措施豁免法》

A. (i),(ii),(iii)

B. (i),(iii),(iv)

C. (ii),(iii),(iv)

D. (i),(ii),(iii),(iv)

3. **根據《基本法》規定，香港特別行政區保持原有的資本主義制度和生活方式多少年不變？**

A. 50年

B. 75年

C. 100年

D. 125年

4. **香港特別行政區保持原有的甚麼制度五十年不變？**

A. 社會主義制度

B. 社會主義市場經濟制度

C. 保護主義制度

D. 資本主義制度

5. **根據《基本法》第四十二條，香港居民有甚麼義務？**

A. 遵守香港特別行政區實行的法律

B. 服兵役

C. 交稅

D. 投票

6. **在下列哪種情況發生時，中央人民政府可發布命令將有關的全國性法律在香港特別行政區實施？**

A. 香港發生極嚴重的天災

B. 香港經濟出現衰退

C. 香港行政長官出缺

D. 全國人民代表大會常務委員會決定宣布戰爭狀態

7. **根據《基本法》，香港特別行政區非永久性居民未能依法享有以下哪**

項權利？

(i) **社會福利的權利**

(ii) **選舉權**

(iii) **對行政部門和行政人員的行為向法院提起訴訟**

A. (i)

B. (ii)

C. (iii)

D. (i),(ii),(iii)

8. **根據《基本法》第四十七條，香港特別行政區行政長官必須：**

(i) **廉潔奉公**

(ii) **大公無私**

(iii) **盡忠職守**

A. (i),(ii)

B. (i),(iii)

C. (ii),(iii)

D. (i),(ii),(iii)

9. **立法會議事規則由哪個機構制定？**

A. 行政會議

B. 立法會自行制定

C. 終審法院

D. 律政司

10. 根據《基本法》第一百五十八條，如香港特別行政區法院在審理案件時需要對《基本法》關於中央人民政府管理的事務或中央和香港特別行政區關係的條款進行解釋，而該條款的解釋又影響到案件的判決，在__________，應由香港特別行政區終審法院請全國人民代表大會常務委員會對有關條款作出解釋。

A. 對該案件作出不可上訴的終局判決前

B. 香港特別行政區的全國人民代表大會代表三分之二多數同意進行解釋後

C. 香港特別行政區行政長官同意進行解釋後

D. 三分之二的行政會議成員同意進行解釋後

11. 香港特別行政區廉政公署對誰人負責？

A. 行政長官

B. 終審法院首席法官

C. 政務司司長

D. 獨立工作，不向任何人負責

12. 根據《基本法》第一百零九條的規定，香港特別行政區政府提供適當的經濟和法律環境，以保持香港的__________地位。

A. 國際金融中心

B. 國際航運中心

C. 國際旅遊中心

D. 國際購物中心

13. **香港特別行政區政府自行制定文化政策，以法律保護作者在文學藝術創作中所獲得的____________。**

A. 銷售利益和創意

B. 銷售利益和版權

C. 創意和合法權益

D. 成果和合法權益

14. **哪個機構獲中央人民政府授權依照法律簽發中華人民共和國香港特別行政區護照？**

A. 中央人民政府駐香港特別行政區聯絡辦公室

B. 國務院港澳事務辦公室

C. 香港特別行政區政府

D. 中國外交部駐香港特別行政區特派員公署

15. **哪一個機構授權香港特別行政區法院在審理案件時對《基本法》關於香港特別行政區自治範圍內的條款自行解釋？**

A. 全國人民代表大會常務委員會

B. 中央人民政府

C. 最高人民法院

D. 中國人民政治協商會議

16. **經行政長官批准，香港特別行政區政府財政司長應當從政府一般收入中撥出專門款項支付關於維護國家安全的開支並核准所涉及的人員編製，不受____________的限制。財政司長須每年就該款項的控制和管理向立法會提交報告。**

A. 香港特別行政區現行有關法律規定

B. 立法會議員

C. 香港特別行政區政府內部指引

D. 香港特別行政區政府

17. **對於有合理理由懷疑涉及實施危害國家安全犯罪的人員進行截取通訊和秘密監察，需要經由誰人（或哪個組織）批准？**

A. 全國人民代表大會

B. 香港特別行政區維護國家安全委員會

C. 行政長官

D. 律政司司長

18. **防範、制止和懲治危害國家安全犯罪，應當堅持法治原則。法律規定為犯罪行為的，依照法律定罪處刑；法律沒有規定為犯罪行為的，____________。**

A. 不得定罪處刑

B. 需視乎情況處刑

C. 由律政司決定是否需要跟進

D. 由法院決定處刑

19. **中華人民共和國香港特別行政區維護國家安全法第 36 條，_____ 在香港特別行政區內實施本法規定的犯罪的，適用本法。犯罪的行為或結果有一項發生在香港特別行政區內的，就是認為在香港特別行政區內犯罪。**

A. 中國公民

B. 香港居民

C. 外國公民

D. 任何人

20. **除《港區國安法》另有規定外，(a) ____________、(b) ____________、(c) ____________、(d) ____________應當按照香港特別行政區的其他法律處理就危害國家安全犯罪案件提起的刑事檢控程序。**

A. a. 律政司、b. 裁判法院、c. 高等法院、d. 終審法院

B. a. 裁判法院、b. 區域法院、c. 高等法院、d. 終審法院

C. a. 香港特別行政區維護國家安全委員會、b. 律政司、c. 高等法院、d. 終審法院

D. a. 香港特別行政區行政長官、b. 律政司、c. 裁判法院、d. 終審法院

—全卷完—

CRE-BLNST

文化會社出版社 **CULTURE CROSS LIMITED**

答題紙 ANSWER SHEET

請在此貼上電腦條碼
Please stick the barcode label here

(1) 考生編號 Candidate No.

(2) 考生姓名 Name of Candidate

(3) 考生簽署 Signature of Candidate

宜用H.B.鉛筆作答
You are advised to use H.B. Pencils

考生須依照下圖所示填畫答案：

23 A B C D E

錯填答案可使用潔淨膠擦將筆痕徹底擦去。
切勿摺皺此答題紙

Mark your answer as follows:

23 A B C D E

Wrong marks should be completely erased with a clean rubber.

DO NOT FOLD THIS SHEET

1	A	B	C	D	E	21	A	B	C	D	E
2	A	B	C	D	E	22	A	B	C	D	E
3	A	B	C	D	E	23	A	B	C	D	E
4	A	B	C	D	E	24	A	B	C	D	E
5	A	B	C	D	E	25	A	B	C	D	E
6	A	B	C	D	E	26	A	B	C	D	E
7	A	B	C	D	E	27	A	B	C	D	E
8	A	B	C	D	E	28	A	B	C	D	E
9	A	B	C	D	E	29	A	B	C	D	E
10	A	B	C	D	E	30	A	B	C	D	E
11	A	B	C	D	E	31	A	B	C	D	E
12	A	B	C	D	E	32	A	B	C	D	E
13	A	B	C	D	E	33	A	B	C	D	E
14	A	B	C	D	E	34	A	B	C	D	E
15	A	B	C	D	E	35	A	B	C	D	E
16	A	B	C	D	E	36	A	B	C	D	E
17	A	B	C	D	E	37	A	B	C	D	E
18	A	B	C	D	E	38	A	B	C	D	E
19	A	B	C	D	E	39	A	B	C	D	E
20	A	B	C	D	E	40	A	B	C	D	E

文化會社出版社
投考公務員 模擬試題王

基本法及國安法測試
模擬試卷（二）

時間：三十分鐘

考生須知：

（一） 細讀答題紙上的指示。宣布開考後，考生須首先於適當位置貼上電腦條碼及填上各項所需資料。宣布停筆後，考生不會獲得額外時間貼上電腦條碼。

（二） 試場主任宣布開卷後，考生請檢查試題冊及確定試題冊內共20條試題。第20條後會有「**全卷完**」的字眼。

（三） 本試卷各題佔分相等。

（四） **本試卷全部試題均須回答**。為便於修正答案，考生宜用HB鉛筆把答案填畫在答題紙上。錯誤答案可用潔淨膠擦將筆痕徹底擦去。考生須清楚填畫答案，否則會因答案未能被辨認而失分。

（五） 每題只可填畫**一個**答案。如填劃超過一個答案，該題將**不獲評分**。

（六） 答案錯誤，不另扣分。

（七） 未經許可，請勿打開試題冊。

CC-CRE-BLNST

1. **制訂《基本法》的目的是為了 ____________。**

A. 使香港從資本主義過渡到社會主義

B. 保證在香港實行自治

C. 保障國家對香港的基本方針政策的實施

D. 保持香港原有的生活方式永遠不變

2. **香港特別行政區的行政機關、立法機關和司法機關，除使用中文外，還可以使用甚麼語文？**

A. 日文

B. 英文

C. 法文

D. 葡文

3. **根據《基本法》第一百五十一條，香港特別行政區可在下列哪些領域，以「中國香港」的名義，單獨地同世界各國、各地區及有關國際組織保持和發展關係，簽訂和履行有關協議？**

(i) **外交**

(ii) **經濟**

(iii) **金融**

(iv) **航運**

A. (i),(ii),(iii)

B. (i),(iii),(iv)

C. (ii),(iii),(iv)

D. (i),(ii),(iii),(iv)

4. **全國人民代表大會常務委員會在對列於《基本法》附件三的法律作出增減前，會徵詢誰的意見？**

   (i) **其所屬的香港特別行政區基本法委員會**

   (ii) **中央人民政府**

   (iii) **最高人民法院**

   (iv) **香港特別行政區政府**

   A. (i),(ii)

   B. (ii),(iii)

   C. (i),(iv)

   D. (ii),(iv)

5. **《基本法》對香港特別行政區的立法機關制定的法律有甚麼規定？**

   A. 須報中央人民政府備案

   B. 須報最高人民法院備案

   C. 須報中國人民政治協商會議備案

   D. 須報全國人民代表大會常務委員會備案

6. **根據《基本法》第二十條，香港特別行政區可享有哪些機關授予的其他權力？**

   (i) **全國人民代表大會**

   (ii) **全國人民代表大會常務委員會**

   (iii) **最高人民法院**

   (iv) **中央人民政府**

   A. (i),(ii),(iii)

   B. (i),(ii),(iv)

   C. (ii),(iii),(iv)

   D. (i),(ii),(iii),(iv)

7. **回歸之後，香港司法體制有甚麼變化？**

   A. 設立上訴法庭

   B. 設立原訟法庭

   C. 設立終審法院

   D. 設立區域法院

8. **根據《基本法》的規定，哪一個香港特別行政區機構主管刑事檢察工作，不受任何干涉？**

   A. 香港警務處

   B. 律政司

   C. 政務司司長辦公室

   D. 香港法院

9. **香港特別行政區立法會的產生辦法最終要達至甚麼目標？**

A. 由一個有廣泛代表性的提名委員會按民主程序提名後普選產生全部議員

B. 全部議員由普選產生

C. 超過四分之三議員由普選產生

D. 民選議員與功能組別議員各佔一半

10. **根據《基本法》，香港特別行政區立法會議員如有下列哪些情況，由立法會主席宣告其喪失立法會議員的資格？**

(i) **破產或經法庭裁定償還債務而不履行**

(ii) **在香港特別行政區區內或區外被判犯有刑事罪行，判處監禁一個月以上，並經立法會出席會議的議員三分之二通過解除其職務**

(iii) **行為不檢或違反誓言而經立法會出席會議的議員二分之一通過譴責**

A. (i),(ii)

B. (i),(iii)

C. (ii),(iii)

D. (i),(ii),(iii)

11. **香港特別行政區為____________的關稅地區。**

A. 附屬於世界銀行

B. 附屬於世界貿易組織

C. 單獨

D. 附屬於中央人民政府

12. **根據《基本法》第一百三十七條，各類院校＿＿＿＿＿＿＿＿。**

A. 必須從內地聘請若干比例的教職員

B. 不可從香港特別行政區以外聘請教職員

C. 可繼續從香港特別行政區以外招聘教職員

D. 可繼續從香港特別行政區以外招聘教職員，但不能超過教職員總數的一半

13. **香港特別行政區的區旗和區徽上的是哪一種花？**

A. 紫荊花

B. 太陽花

C. 大紅花

D. 牡丹花

14. **香港特別行政區行政長官的一任任期為多少年？**

A. 2年

B. 3年

C. 4年

D. 5年

15. **根據《基本法》附件二的規定，二零零七年以後如需修改附件二有關香港特別行政區立法會法案、議案的表決程序的規定，須經立法會全體議員三分之二多數通過，__________同意，並報__________備案。**

A. 行政長官；全國人民代表大會常務委員會

B. 行政長官；全國人民代表大會

C. 立法會主席；全國人民代表大會常務委員會

D. 立法會主席；全國人民代表大會

16. **警務處維護國家安全部門負責人及律政司國家安全犯罪案件檢控部門負責人由行政長官任命，行政長官任命前須書面徵求_____的意見。**

A. 中聯辦

B. 駐港國安署

C. 全國人大常委會

D. 中央人民政府

17. **凡律政司長發出毋須在有陪審團證書，高等法院原訟法庭應當在沒有陪審團的情況下進行審理，並由_____法官組成審判庭。**

A. 兩名

B. 三名

C. 五名

D. 七名

18. 在獲任指定審理危害國家安全犯罪案件的法官期間，如有危害國家安全言行的，會怎樣處置？

A. 終止其指定法官的資格

B. 終止其法官的資格

C. 暫停其審理的工作 3 年

D. 暫停其審理的工作 5 年

19. 香港特別行政區適用國安法時，內地所規定的「無期徒刑」，即是指香港的何種刑罰？

A. 監禁

B. 終身監禁

C. 死刑

D. 感化院

20. 香港特別行政區行政長官應當就香港特別行政區維護國家安全事務向中央人民政府負責，並就香港特別行政區履行維護國家安全職責的情況每＿＿＿＿＿＿提交報告。

A. 星期

B. 月

C. 季

D. 年

—全卷完—

CRE-BLNST

文化會社出版社 **CULTURE CROSS LIMITED**

答題紙 ANSWER SHEET

請在此貼上電腦條碼 Please stick the barcode label here

(1) 考生編號 Candidate No.								

(2) 考生姓名 Name of Candidate

宜用H.B.鉛筆作答
You are advised to use H.B. Pencils

(3) 考生簽署 Signature of Candidate

考生須依照下圖
所示填畫答案：

23 A B C D E

錯填答案可使用潔淨膠擦將筆痕徹底擦去。
切勿摺皺此答題紙

Mark your answer as follows:

23 A B C D E

Wrong marks should be completely erased with a clean rubber.

DO NOT FOLD THIS SHEET

No.						No.					
1	A	B	C	D	E	21	A	B	C	D	E
2	A	B	C	D	E	22	A	B	C	D	E
3	A	B	C	D	E	23	A	B	C	D	E
4	A	B	C	D	E	24	A	B	C	D	E
5	A	B	C	D	E	25	A	B	C	D	E
6	A	B	C	D	E	26	A	B	C	D	E
7	A	B	C	D	E	27	A	B	C	D	E
8	A	B	C	D	E	28	A	B	C	D	E
9	A	B	C	D	E	29	A	B	C	D	E
10	A	B	C	D	E	30	A	B	C	D	E
11	A	B	C	D	E	31	A	B	C	D	E
12	A	B	C	D	E	32	A	B	C	D	E
13	A	B	C	D	E	33	A	B	C	D	E
14	A	B	C	D	E	34	A	B	C	D	E
15	A	B	C	D	E	35	A	B	C	D	E
16	A	B	C	D	E	36	A	B	C	D	E
17	A	B	C	D	E	37	A	B	C	D	E
18	A	B	C	D	E	38	A	B	C	D	E
19	A	B	C	D	E	39	A	B	C	D	E
20	A	B	C	D	E	40	A	B	C	D	E

文化會社出版社
投考公務員 模擬試題王

基本法及國安法測試
模擬試卷（三）

時間：三十分鐘

考生須知：

（一） 細讀答題紙上的指示。宣布開考後，考生須首先於適當位置貼上電腦條碼及填上各項所需資料。宣布停筆後，考生不會獲得額外時間貼上電腦條碼。

（二） 試場主任宣布開卷後，考生請檢查試題冊及確定試題冊內共20條試題。第20條後會有「**全卷完**」的字眼。

（三） 本試卷各題佔分相等。

（四） **本試卷全部試題均須回答**。為便於修正答案，考生宜用HB鉛筆把答案填畫在答題紙上。錯誤答案可用潔淨膠擦將筆痕徹底擦去。考生須清楚填畫答案，否則會因答案未能被辨認而失分。

（五） 每題只可填畫**一個**答案。如填劃超過一個答案，該題將**不獲評分**。

（六） 答案錯誤，不另扣分。

（七） 未經許可，請勿打開試題冊。

CC-CRE-BLNST

1. **香港特別行政區的設立體現了 ____________ 的方針。**

A. 四項基本原則

B. 一國兩制

C. 改革開放

D. 民族自治

2. **香港特別行政區可懸掛及使用**

(i) **中華人民共和國國旗**

(ii) **中華人民共和國國徽**

(iii) **香港特別行政區區旗**

(iv) **香港特別行政區區徽**

A. (i),(ii)

B. (i),(iii)

C. (iii),(iv)

D. (i),(ii),(iii),(iv)

3. **香港特別行政區的__________等方面的民間團體和宗教組織同內地相應的團體和組織的關係，應以互不隸屬、互不干涉和互相尊重的原則為基礎？**

(i) 文化

(ii) 藝術

(iii) 體育

(iv) 醫療衛生

A. (i),(ii),(iii)

B. (i),(iii),(iv)

C. (ii),(iii),(iv)

D. (i),(ii),(iii),(iv)

4. **中央各部門、各省、自治區、直轄市如需在香港特別行政區設立機構，須徵得__________。**

A. 香港特別行政區政府同意並經全國人民代表大會批准

B. 香港特別行政區政府同意並經中央人民政府批准

C. 中央人民政府同意並經最高人民法院批准

D. 中央人民政府同意並經全國人民代表大會批准

5. **根據《基本法》，中國其他地區的人進入香港特別行政區__________。**

A. 須獲得全國人民代表大會批准

B. 須獲得最高人民法院批准

C. 須辦理批准手續

D. 須獲得中央人民政府批准

6. **香港特別行政區永久性居民可以依法享有甚麼權利？**

(i) **享受社會福利**

(ii) **選舉權**

(iii) **被選舉權**

(iv) **居留權**

A. (i),(ii),(iii)

B. (i),(ii),(iv)

C. (ii),(iii),(iv)

D. (i),(ii),(iii),(iv)

7. **香港特別行政區行政長官由哪個機關任命？**

A. 中國人民政治協商會議

B. 最高人民法院

C. 中央人民政府

D. 全國人民代表大會

8. **香港特別行政區行政長官的產生辦法最終要達至甚麼目標？**

A. 由一個有廣泛代表性的提名委員會按民主程序提名後普選產生

B. 由立法會提名後普選產生

C. 由一個有廣泛代表性的選舉委員會選舉產生

D. 由市民提名並按民主程序普選產生

9. **香港特別行政區行政長官可連任多少次？**

A. 不可連任

B. 一次

C. 兩次

D. 三次

10. **香港特別行政區立法會透過甚麼途徑產生？**

A. 中央人民政府委任

B. 行政長官委任

C. 選舉

D. 終審法院首席法官委任

11. **根據《基本法》第一百二十七條的規定，下列哪些與香港特別行政區航運有關的業務，可繼續自由經營？**

(i) 私營航運

(ii) 私營集裝箱碼頭

(iii) 與航運有關的企業

A. (i),(ii)

B. (i),(iii)

C. (ii),(iii)

D. (i),(ii),(iii)

12. 香港特別行政區政府在原有社會福利制度的基礎上，根據甚麼情況，自行制定其發展、改進的政策？

A. 民主進程和經濟條件

B. 經濟條件和社會需要

C. 社會需要和法律程序

D. 法律程序和民主進程

13. 根據《基本法》第一百五十二條第四款，在下列哪種情況下，中央人民政府將根據需要使香港特別行政區以適當形式繼續參加相關的國際組織？

A. 對中華人民共和國已參加而香港亦已以某種形式參加的國際組織

B. 對中華人民共和國尚未參加而香港已以某種形式參加的國際組織

C. 對中華人民共和國已參加而香港尚未參加的國際組織

D. 對中華人民共和國尚未參加而香港亦未參加的國際組織

14. 如全國人民代表大會常務委員會對《基本法》有關條款作出解釋，香港特別行政區法院在引用該條款時，應以全國人民代表大會常務委員會的解釋為準。但在此以前作出的判決____________。

A. 不受影響

B. 作廢

C. 無效

D. 須重新判決

15. **根據《基本法》附件二的規定，二零零七年以後香港特別行政區立法會的產生辦法如需修改，須經立法會全體議員三分之二多數通過，＿＿＿＿＿＿同意，並報＿＿＿＿＿＿備案。**

A. 行政長官；全國人民代表大會常務委員會

B. 行政長官；全國人民代表大會

C. 立法會主席；全國人民代表大會常務委員會

D. 立法會主席；全國人民代表大會

16. **由香港特別行政區維護國家安全公署行使管轄權的案件，應符合《港區國安法》第55條規定的條件，然後：**

A. 由香港警務署交給駐港國安公署

B. 由特首聯同香港終審法院報中央批准

C. 由香港特別行政區維護國家安全委員會報中央批准

D. 由港府或駐港國安公署報中央批准

17. **犯罪的行為或結果有一項發生在香港特別行政區內的，就認為是在香港特別行政區內犯罪，同時亦適用香港特別行政區維護國家安全法範圍包括：**

A. 香港特別行政區邊境之內

B. 香港特別行政區行政及立法會內

C. 香港特別行政區水域及島嶼內

D. 香港特別行政區註冊的船舶或航空器內

18. 下列哪項屬於國安法犯罪？

a. 對香港特別行政區選舉進行操控、破壞並可能造成嚴重後果。

b. 對香港特別行政區或者中華人民共和國進行制裁、封鎖或者採取其他敵對行動。

c. 通過各種非法方式引發香港特別行政區居民對中央人民政府或者香港特別行政區政府的憎恨並可能造成嚴重後果。

A. a

B. a、b

C. a、b、c

D. b、c

19. 駐香港特別行政區維護國家安全公署及其人員依據本法執行職務的行為，_____________管轄。

A. 受到香港特別行政區

B. 不受香港特別行政區

C. 受到中華人民共和國

D. 不受廣東省政府

20. 防範、制止和懲治危害國家安全犯罪，應當堅持什麼原則？

A. 寬大

B. 假定無罪

C. 國家安全

D. 法治

—全卷完—

CRE-BLNST

文化會社出版社 **CULTURE CROSS LIMITED**

答題紙 ANSWER SHEET

請在此貼上電腦條碼
Please stick the barcode label here

(1) 考生編號 Candidate No.

(2) 考生姓名 Name of Candidate

(3) 考生簽署 Signature of Candidate

宜用H.B.鉛筆作答
You are advised to use H.B. Pencils

考生須依照下圖所示填畫答案：

23 A B C D E

錯填答案可使用潔淨膠擦將筆痕徹底擦去。
切勿摺皺此答題紙

Mark your answer as follows:

23 A B C D E

Wrong marks should be completely erased with a clean rubber.

DO NOT FOLD THIS SHEET

1	A B C D E	21	A B C D E
2	A B C D E	22	A B C D E
3	A B C D E	23	A B C D E
4	A B C D E	24	A B C D E
5	A B C D E	25	A B C D E
6	A B C D E	26	A B C D E
7	A B C D E	27	A B C D E
8	A B C D E	28	A B C D E
9	A B C D E	29	A B C D E
10	A B C D E	30	A B C D E
11	A B C D E	31	A B C D E
12	A B C D E	32	A B C D E
13	A B C D E	33	A B C D E
14	A B C D E	34	A B C D E
15	A B C D E	35	A B C D E
16	A B C D E	36	A B C D E
17	A B C D E	37	A B C D E
18	A B C D E	38	A B C D E
19	A B C D E	39	A B C D E
20	A B C D E	40	A B C D E

文化會社出版社
投考公務員 模擬試題王

基本法及國安法測試
模擬試卷（四）

時間：三十分鐘

考生須知：

（一） 細讀答題紙上的指示。宣布開考後，考生須首先於適當位置貼上電腦條碼及填上各項所需資料。宣布停筆後，考生不會獲得額外時間貼上電腦條碼。

（二） 試場主任宣布開卷後，考生請檢查試題冊及確定試題冊內共20條試題。第20條後會有「**全卷完**」的字眼。

（三） 本試卷各題佔分相等。

（四） **本試卷全部試題均須回答**。為便於修正答案，考生宜用HB鉛筆把答案填畫在答題紙上。錯誤答案可用潔淨膠擦將筆痕徹底擦去。考生須清楚填畫答案，否則會因答案未能被辨認而失分。

（五） 每題只可填畫**一個**答案。如填劃超過一個答案，該題將**不獲評分**。

（六） 答案錯誤，不另扣分。

（七） 未經許可，請勿打開試題冊。

CC-CRE-BLNST

1. **一國兩制中的「兩制」是指哪兩種制度？**

   A. 共產主義制度、資本主義制度

   B. 民主主義制度、社會主義制度

   C. 社會主義制度、資本主義制度

   D. 共產主義制度、社會主義制度

2. **根據《基本法》，香港特別行政區對保護私有財產權有何規定？**

   A. 依法保護

   B. 部份依法受到保護

   C. 大部份時候依法受到保護

   D. 不受保護

3. **英國根據哪一條條約租借「新界」？**

   A. 南京條約

   B. 辛丑和約

   C. 北京條約

   D. 展拓香港界址專條

4. **由哪個機關任命香港特別行政區行政長官和行政機關的主要官員？**

   A. 中央人民政府

   B. 最高人民法院

   C. 全國人民代表大會

   D. 中國人民政治協商會議

5. 根據《基本法》第二十三條，香港特別行政區政府應自行立法禁止______________。

(i) 外國的政治性組織或團體在香港特別行政區進行政治活動

(ii) 香港特別行政區的政治性組織或團體與外國的政治性組織或團體建立聯繫

(iii) 香港特別行政區的宗教組織與其他地方的宗教組織保持和發展關係

A. (i),(ii)

B. (i),(iii)

C. (ii),(iii)

D. (i),(ii),(iii)

6. 《基本法》對香港居民的住宅和其他房屋有下列哪些規定？

(i) 禁止任意搜查

(ii) 禁止非法搜查

(iii) 禁止侵入

A. (i),(ii)

B. (i),(iii)

C. (ii),(iii)

D. (i),(ii),(iii)

7. **下列哪一項不是香港特別行政區立法會的職權？**

A. 就政府政策的失誤，彈劾公務人員

B. 對政府的工作提出質詢

C. 批准稅收和公共開支

D. 根據政府的提案，審核、通過財政預算

8. **香港特別行政區立法會行使下列哪些職權？**

(i) **就任何有關公共利益問題進行辯論**

(ii) **同意終審法院法官和高等法院首席法官的任免**

(iii) **提出、審核、通過財政預算**

(iv) **在行使立法會各項職權時，如有需要，可傳召有關人士出席作證和提供證據**

A. (i),(ii),(iii)

B. (i),(ii),(iv)

C. (ii),(iii),(iv)

D. (i),(ii),(iii),(iv)

9. **香港特別行政區政府可聘請英籍和其他外籍人士擔任政府部門的顧問，這些外籍人士_______________。**

A. 對中央人民政府負責

B. 還可擔任主要官員

C. 只能以個人身份受聘

D. 有年齡限制

10. 在甚麼情況下，香港特別行政區政府可與外國就司法互助關係作出適當安排？

A. 在中央人民政府協助或授權下

B. 在中央人民政府駐香港特別行政區聯絡辦公室協助或授權下

C. 在香港特別行政區行政長官協助或授權下

D. 在終審法院協助或授權下

11. 香港特別行政區可以____________的名義參加關於國際紡織品貿易安排等有關國際組織和國際貿易協定。

A. 「中國香港特區」

B. 「香港特別行政區」

C. 「中華人民共和國香港」

D. 「中國香港」

12. 根據《基本法》，香港特別行政區的宗教組織依法享有下列哪些權利？

(i) 財產的取得

(ii) 財產的使用

(iii) 財產的處置

(iv) 財產的繼承

A. (i),(ii),(iii)

B. (i),(iii),(iv)

C. (ii),(iii),(iv)

D. (i),(ii),(iii),(iv)

13. **外國在香港特別行政區設立領事機構或其他官方、半官方機構，須經____________批准。**

A. 中央人民政府

B. 全國人民代表大會

C. 中國人民政治協商會議

D. 最高人民法院

14. **香港特別行政區對《基本法》的修改議案，須經香港特別行政區的全國人民代表大會代表____________多數、香港特別行政區立法會全體議員____________多數和香港特別行政區行政長官同意後，交由香港特別行政區出席全國人民代表大會的代表團向全國人民代表大會提出。**

A. 二分之一；三分之二

B. 二分之一；二分之一

C. 三分之一；二分之一

D. 三分之二；三分之二

15. **由____________提出的議案、法案和對政府法案的修正案均須分別經功能團體選舉產生的議員和分區直接選舉產生的議員兩部分出席會議議員各過半數通過。**

A. 政府

B. 立法會議員個人

C. 政黨

D. 半官方機構

16. 香港特別行政區＿＿＿＿＿＿＿應當依據本法和其他有關法律規定有效防範、制止和懲治危害國家安全的行為和活動。

a. 國安機關

b. 行政機關

c. 立法機關

d. 司法機關

A. a、b、c、d

B. b、c

C. b、c、d

D. b、d

17. 香港特別行政區＿＿＿＿＿＿＿機關應當切實執行本法和香港特別行政區現行法律有關防範、制止和懲治危害國家安全行為，維護國家安全。

A. 行政、立法、司法

B. 立法、執法、司法

C. 立法、司法

D. 執法、司法

18. 對高等法院原訟法庭進行的就危害國家安全犯罪案件提起的刑事檢控程序，律政司長可基於保護國家秘密、案件具有涉外因素或者保障陪審員及其家人的人身安全等理由，發出證書指示相關訴訟 ____________ 的情況下進行審理。

A. 不公開陪審團資料

B. 在少過法定數量陪審團

C. 毋須在設立陪審團

D. 閉門處理

19. 下列哪個（或哪些）情況經香港特區政府或駐香港維護國家安全公署提出，可由駐香港維護國家安全公署對危害國家安全犯罪案件行使管轄權？

a. 出現香港特別行政區政府無法有效執行本法的嚴重情況的

b. 案件涉及外國或境外勢力介入的複雜情況，香港特別行政區管轄確有困難的

c. 出現國家安全面臨重大現實威脅的情況的。

A. a、b

B. a、b、c

C. a、c

D. b

20. **根據中華人民共和國憲法、中華人民共和國香港特別行政區基本法和 ______________ 關於建立健全香港特別行政區維護國家安全的法律制度和執行機制的決定，制定本法。**

A. 全國人民代表大會

B. 香港特別行政區立法會

C. 中央人民政府

D. 中國人民政治協商會議全國委員會

—全卷完—

CRE-BLNST

文化會社出版社 **CULTURE CROSS LIMITED**

答題紙 ANSWER SHEET

請在此貼上電腦條碼
Please stick the barcode label here

(1) 考生編號 Candidate No.

(2) 考生姓名 Name of Candidate

(3) 考生簽署 Signature of Candidate

宜用H.B.鉛筆作答
You are advised to use H.B. Pencils

考生須依照下圖所示填畫答案：

23 A B C D E

錯填答案可使用潔淨膠擦將筆痕徹底擦去。
切勿摺皺此答題紙

Mark your answer as follows:

23 A B C D E

Wrong marks should be completely erased with a clean rubber.

DO NOT FOLD THIS SHEET

1	A	B	C	D	E	21	A	B	C	D	E
2	A	B	C	D	E	22	A	B	C	D	E
3	A	B	C	D	E	23	A	B	C	D	E
4	A	B	C	D	E	24	A	B	C	D	E
5	A	B	C	D	E	25	A	B	C	D	E
6	A	B	C	D	E	26	A	B	C	D	E
7	A	B	C	D	E	27	A	B	C	D	E
8	A	B	C	D	E	28	A	B	C	D	E
9	A	B	C	D	E	29	A	B	C	D	E
10	A	B	C	D	E	30	A	B	C	D	E
11	A	B	C	D	E	31	A	B	C	D	E
12	A	B	C	D	E	32	A	B	C	D	E
13	A	B	C	D	E	33	A	B	C	D	E
14	A	B	C	D	E	34	A	B	C	D	E
15	A	B	C	D	E	35	A	B	C	D	E
16	A	B	C	D	E	36	A	B	C	D	E
17	A	B	C	D	E	37	A	B	C	D	E
18	A	B	C	D	E	38	A	B	C	D	E
19	A	B	C	D	E	39	A	B	C	D	E
20	A	B	C	D	E	40	A	B	C	D	E

CRE-BLNST
基本法及
香港國安
法測試

MC

文化會社出版社
投考公務員 模擬試題王

基本法及國安法測試
模擬試卷（五）

時間：三十分鐘

考生須知：

（一） 細讀答題紙上的指示。宣布開考後，考生須首先於適當位置貼上電腦條碼及填上各項所需資料。宣布停筆後，考生不會獲得額外時間貼上電腦條碼。

（二） 試場主任宣布開卷後，考生請檢查試題冊及確定試題冊內共20條試題。第20條後會有「**全卷完**」的字眼。

（三） 本試卷各題佔分相等。

（四） **本試卷全部試題均須回答**。為便於修正答案，考生宜用HB鉛筆把答案填畫在答題紙上。錯誤答案可用潔淨膠擦將筆痕徹底擦去。考生須清楚填畫答案，否則會因答案未能被辨認而失分。

（五） 每題只可填畫**一個**答案。如填劃超過一個答案，該題將**不獲評分**。

（六） 答案錯誤，不另扣分。

（七） 未經許可，請勿打開試題冊。

CC-CRE-BLNST

1. **英國租借「新界」的年期是多少年？**

   A. 97年

   B. 98年

   C. 99年

   D. 100年

2. **《基本法》除了能體現「一國兩制」、「港人治港」、「五十年不變」外，尚明文保證香港＿＿＿＿＿＿。**

   A. 馬照跑，舞照跳

   B. 實行高度自治

   C. 完全自治

   D. 股照炒，牌照打

3. **香港特別行政區實行高度自治，是指香港特別行政區＿＿＿＿＿＿。**

   A. 享有獨立自主權，不受中央人民政府干預

   B. 享有行政管理權、立法權、獨立的司法權和終審權

   C. 可以否決人民解放軍進駐香港

   D. 可以自行任命主要官員

4. **香港特別行政區法院在審理案件中遇有涉及國防、外交等國家行為的事實問題，應取得行政長官就該等問題發出的證明文件，上述文件對法院有約束力。行政長官在發出證明文件前，須取得＿＿＿＿＿＿的證明書。**

   A. 最高人民法院

   B. 中國人民政治協商會議

   C. 中央人民政府

   D. 全國人民代表大會

5. **香港特別行政區行政長官要在香港通常居住連續滿多少年？**

   A. 5年

   B. 10年

   C. 15年

   D. 20年

6. **根據《基本法》，香港居民在宗教信仰方面享有下列哪些自由？**

   (i) 公開傳教的自由

   (ii) 公開舉行宗教活動的自由

   (iii) 公開參加宗教活動的自由

   A. (i),(ii)

   B. (i),(iii)

   C. (ii),(iii)

   D. (i),(ii),(iii)

7. 《基本法》於何時公佈？

A. 1984年12月19日

B. 1990年4月4日

C. 1997年6月30日

D. 1997年7月1日

8. 香港特別行政區立法會舉行會議的法定人數為不少於全體議員的幾分之幾？

A. 二分之一

B. 三分之一

C. 四分之一

D. 五分之一

9. 根據《基本法》，下列哪些機構是獨立工作，對行政長官負責？

(i) 廉政公署

(ii) 審計署

(iii) 個人資料私隱專員公署

A. (i),(ii)

B. (i),(iii)

C. (ii),(iii)

D. (i),(ii),(iii)

10. **根據《基本法》第五十四條，協助行政長官決策的是哪一個機構？**

A. 行政會議

B. 立法會

C. 策略發展委員會

D. 中央政策組

11. **《基本法》對香港特別行政區的法官和其他司法人員的選用有甚麼安排？**

A. 根據其本人的國籍選用

B. 根據其本人的司法和專業才能選用

C. 不可從其他普通法適用地區聘用

D. 根據其本人的年資選用

12. **在香港特別行政區成立前已承認的專業和專業團體，在回歸後會如何處理？**

A. 需重新審批以確認專業地位

B. 繼續獲香港特別行政區政府承認

C. 需與內地對等的專業和專業團體互相認證

D. 需向香港特別行政區政府重新登記

13. 根據《基本法》第一百五十六條，香港特別行政區可根據需要在外國設立甚麼機構，報中央人民政府備案？

A. 官方的司法機構或半官方的經濟機構

B. 官方的經濟機構或半官方的慈善機構

C. 官方或半官方的經濟和貿易機構

D. 官方或半官方的司法和慈善機構

14. 香港特別行政區對《基本法》的修改議案，須經以下哪些人/機構同意後，交由香港特別行政區出席全國人民代表大會的代表團向全國人民代表大會提出？

(i) 香港特別行政區的全國人民代表大會代表三分之二多數

(ii) 香港特別行政區立法會全體議員三分之二多數

(iii) 香港特別行政區行政長官

A. (i),(ii)

B. (i),(iii)

C. (ii),(iii)

D. (i),(ii),(iii)

15. 根據《基本法》附件一規定，二零零七年以後各任行政長官的產生辦法如需修改，須經立法會全體議員三分之二多數通過，__________同意，並報__________批准。

A. 行政長官；全國人民代表大會常務委員會

B. 行政長官；全國人民代表大會

C. 立法會主席；全國人民代表大會常務委員會

D. 立法會主席；全國人民代表大會

16. **駐香港特別行政區維護國家安全公署依據本法規定履行職責時，香港特別行政區政府有關部門須提供____________，對妨礙有關執行職務的行為依法予以制止，並追究責任。**

A. 嫌疑人的個人資料

B. 必要的便利和配合

C. 技術的支援

D. 金錢或財政上的支援

17. **以下哪項不是駐香港特別行政區維護國家安全公署的職責？**

a. **依法拘捕危害國家安全的罪犯**

b. **監督、指導、協調、支持香港特別行政區履行維護國家安全的職責**

c. **收集分析國家安全情報信息**

d. **依法辦理危害國家安全犯罪案件**

A. a

B. a、b、c

C. a、d

D. d

18. **辦理《港區國安法》的執法和司法機關及其人員，應當對辦案過程中知悉的國家秘密、商業秘密和個人私隱予以____________。**

A. 予以選擇性地公開

B. 盡量透明化

C. 予以保密

D. 上報給中共中央

19. 香港特別行政區維護國家安全委員會的職責包括下列哪項？

a. 分析研判香港特別行政區維護國家安全形勢

b. 推進香港特別行政區維護國家安全的法律制度和執行機制建設

c. 協調香港特別行政區維護國家安全的重點工作和重大行動

A. a

B. a、b

C. a、b、c

D. b、c

20. 中國全國人大常委會以 162 票「全票」通過「港版國安法」草案，並於晚間發布相關內容。有關條例於什麼時間生效？

A. 2020 年 5 月 31 日

B. 2020 年 6 月 30 日

C. 2020 年 7 月 1 日

D. 2020 年 7 月 30 日

—全卷完—

CRE-BLNST

文化會社出版社 **CULTURE CROSS LIMITED**

答題紙 ANSWER SHEET

請在此貼上電腦條碼
Please stick the barcode label here

(1) 考生編號 Candidate No.

(2) 考生姓名 Name of Candidate

(3) 考生簽署 Signature of Candidate

宜用H.B. 鉛筆作答
You are advised to use H.B. Pencils

考生須依照下圖所示填畫答案：

23 A B C D E

錯填答案可使用潔淨膠擦將筆痕徹底擦去。

切勿摺皺此答題紙

Mark your answer as follows:

23 A B C D E

Wrong marks should be completely erased with a clean rubber.

DO NOT FOLD THIS SHEET

1	A	B	C	D	E	21	A	B	C	D	E
2	A	B	C	D	E	22	A	B	C	D	E
3	A	B	C	D	E	23	A	B	C	D	E
4	A	B	C	D	E	24	A	B	C	D	E
5	A	B	C	D	E	25	A	B	C	D	E
6	A	B	C	D	E	26	A	B	C	D	E
7	A	B	C	D	E	27	A	B	C	D	E
8	A	B	C	D	E	28	A	B	C	D	E
9	A	B	C	D	E	29	A	B	C	D	E
10	A	B	C	D	E	30	A	B	C	D	E
11	A	B	C	D	E	31	A	B	C	D	E
12	A	B	C	D	E	32	A	B	C	D	E
13	A	B	C	D	E	33	A	B	C	D	E
14	A	B	C	D	E	34	A	B	C	D	E
15	A	B	C	D	E	35	A	B	C	D	E
16	A	B	C	D	E	36	A	B	C	D	E
17	A	B	C	D	E	37	A	B	C	D	E
18	A	B	C	D	E	38	A	B	C	D	E
19	A	B	C	D	E	39	A	B	C	D	E
20	A	B	C	D	E	40	A	B	C	D	E

文化會社出版社
投考公務員 模擬試題王

基本法及國安法測試
模擬試卷（六）

時間：三十分鐘

考生須知：

（一） 細讀答題紙上的指示。宣布開考後，考生須首先於適當位置貼上電腦條碼及填上各項所需資料。宣布停筆後，考生不會獲得額外時間貼上電腦條碼。

（二） 試場主任宣布開卷後，考生請檢查試題冊及確定試題冊內共20條試題。第20條後會有「**全卷完**」的字眼。

（三） 本試卷各題佔分相等。

（四） **本試卷全部試題均須回答**。為便於修正答案，考生宜用HB鉛筆把答案填畫在答題紙上。錯誤答案可用潔淨膠擦將筆痕徹底擦去。考生須清楚填畫答案，否則會因答案未能被辨認而失分。

（五） 每題只可填畫**一個**答案。如填劃超過一個答案，該題將**不獲評分**。

（六） 答案錯誤，不另扣分。

（七） 未經許可，請勿打開試題冊。

CC-CRE-BLNST

1. **由1997年7月1日開始，香港成為中華人民共和國的一個____________。**

   A. 特別行政區

   B. 省

   C. 直轄市

   D. 自治區

2. **根據《基本法》第一條，香港特別行政區是中華人民共和國____________的部分。**

   A. 不可分離

   B. 不可租借

   C. 不可轉讓

   D. 不可取代

3. **《基本法》對香港特別行政區的行政、立法和司法機關所使用的正式語文有甚麼規定？**

   A. 中英並重，但以中文為主

   B. 中英並重，但以英文為主

   C. 中文是唯一的正式語文

   D. 除中文外，還可使用英文，英文也是正式語文

4. **香港特別行政區境內的土地和自然資源是屬於＿＿＿＿＿＿＿所有。**

A. 國家

B. 國家和香港特別行政區

C. 香港特別行政區

D. 中央人民政府

5. **《基本法》對行政會議成員的任期長短有甚麼規定？**

A. 不超過委任他的行政長官的任期

B. 不超過終審法院首席法官的任期

C. 不超過立法會主席的任期

D. 不超過各司司長的任期

6. **根據《基本法》，香港居民在工作方面享有下列哪些權利和/或自由？**

(i) 組織工會

(ii) 參加工會

(iii) 罷工

(iv) 選擇職業

A. (i),(ii),(iii)

B. (i),(ii),(iv)

C. (ii),(iii),(iv)

D. (i),(ii),(iii),(iv)

7. **根據《基本法》第六十二條，以下哪一項不是香港特別行政區政府行使的職權？**

A. 辦理《基本法》規定的中央人民政府授權的對外事務

B. 編制並提出財政預算、決算

C. 制定並執行政策

D. 執行中央人民政府的軍事佈防建議

8. **根據《基本法》第一百零四條，香港特別行政區行政長官必須依法宣誓擁護中華人民共和國香港特別行政區基本法，效忠______________。**

A. 中國人民政治協商會議

B. 全國人民代表大會

C. 全國人民代表大會常務委員會

D. 中華人民共和國香港特別行政區

9. **《基本法》是甚麼？**

A. 港英時代普通法彙編

B. 香港特別行政區的憲制性文件

C. 香港政權移交的歷史文獻

D. 回歸前中英兩國對香港前途談判的記錄

10. 以下哪一項不是香港特別行政區立法會主席的職權？

A. 主持會議

B. 決定議程，政府提出的議案須優先列入議程

C. 決定開會時間

D. 為行政長官提供諮詢

11. 《基本法》對香港特別行政區的外匯基金有甚麼規定？

A. 由香港特別行政區政府管理和支配

B. 由香港特別行政區政府及中央人民政府共同管理和支配

C. 由中央人民政府管理和支配

D. 由香港特別行政區政府管理和支配，並定期向中央人民政府匯報

12. 香港特別行政區從事社會服務的志願團體在甚麼情況下可自行決定其服務方式？

A. 不抵觸法律

B. 不需要政府財政資助

C. 完成登記註冊後

D. 諮詢政府意見後

13. 根據《基本法》第一百五十五條，中央人民政府協助或授權香港特別行政區政府與各國或各地區締結哪一類協議？

A. 互免簽證協議

B. 特快簽證協議

C. 配額簽證協議

D. 落地簽證協議

14. 《基本法》的修改議案在列入全國人民代表大會的議程前，先由＿＿＿＿＿＿＿研究並提出意見。

A. 香港特別行政區立法會

B. 香港特別行政區行政長官

C. 香港特別行政區終審法院

D. 香港特別行政區基本法委員會

15. 以下哪些是現時列於《基本法》附件三的全國性法律？

(i) 《中央人民政府公布中華人民共和國國徽的命令》附：國徽圖案、說明、使用辦法。

(ii) 《中華人民共和國外交特權與豁免條例》

(iii) 《中華人民共和國政府關於領海的聲明》

(iv) 《中華人民共和國專屬經濟區和大陸架法》

A. (i),(ii),(iii)

B. (i),(iii),(iv)

C. (ii),(iii),(iv)

D. (i),(ii),(iii),(iv)

16. 香港特別行政區設立＿＿＿＿＿＿＿負責香港特別行政區維護國家安全事務，承擔維護國家安全的主要責任，並接受中央人民政府的監督和問責。

A. 國家安全組織

B. 國家安全委員會

C. 維護國家安全公署

D. 維護國家安全委員會

17. **駐香港特別行政區維護國家安全公署人員是否需要遵守全國性法律外，以及遵守香港特別行政區法律？**

A. 需要遵守全國性法律，以及香港特別行政區法律。

B. 不需要遵守全國性法律，卻要遵守香港特別行政區法律。

C. 需要遵守全國性法律，但不需要遵守香港特別行政區法律。

D. 既不需要遵守全國性法律，也不需要遵守香港特別行政區法律。

18. **香港特別行政區前任行政長官林鄭月娥女士，公布列於附表的《中華人民共和國香港特別行政區維護國家安全法》自 2020 年 6 月 30 日何時實施？**

A. 早上 11 時

B. 中午 12 時

C. 晚上 6 時

D. 晚上 11 時

19. **警務處維護國家安全部門可以從香港特別行政區以外，聘請合格的專門人員和技術人員，以協助執行維護國家安全相關任務。下列哪項不是其相關任務？**

A. 承辦香港特別行政區維護國家安全委員會交辦的維護國家安全工作

B. 制定國家安全的相關法律

C. 收集分析涉及國家安全的情報信息

D. 進行反干預調查和開展國家安全審查

20. **駐港國安署根據《港區國安法》第 55 條規定管轄案件時，任何人如果知道本法規定的危害國家安全犯罪案件情況，都有 ______________。**

A. 暫不離港的義務

B. 舉報案件的責任

C. 提供經費的義務

D. 如實作證的義務

—全卷完—

CRE-BLNST

文化會社出版社 **CULTURE CROSS LIMITED**

答題紙 ANSWER SHEET

請在此貼上電腦條碼
Please stick the barcode label here

(1) 考生編號 Candidate No.

(2) 考生姓名 Name of Candidate

(3) 考生簽署 Signature of Candidate

宜用H.B.鉛筆作答
You are advised to use H.B. Pencils

考生須依照下圖所示填畫答案：

23 A B C D E

錯填答案可使用潔淨膠擦將筆痕徹底擦去。
切勿摺皺此答題紙

Mark your answer as follows:

23 A B C D E

Wrong marks should be completely erased with a clean rubber.

DO NOT FOLD THIS SHEET

1	A	B	C	D	E	21	A	B	C	D	E
2	A	B	C	D	E	22	A	B	C	D	E
3	A	B	C	D	E	23	A	B	C	D	E
4	A	B	C	D	E	24	A	B	C	D	E
5	A	B	C	D	E	25	A	B	C	D	E
6	A	B	C	D	E	26	A	B	C	D	E
7	A	B	C	D	E	27	A	B	C	D	E
8	A	B	C	D	E	28	A	B	C	D	E
9	A	B	C	D	E	29	A	B	C	D	E
10	A	B	C	D	E	30	A	B	C	D	E
11	A	B	C	D	E	31	A	B	C	D	E
12	A	B	C	D	E	32	A	B	C	D	E
13	A	B	C	D	E	33	A	B	C	D	E
14	A	B	C	D	E	34	A	B	C	D	E
15	A	B	C	D	E	35	A	B	C	D	E
16	A	B	C	D	E	36	A	B	C	D	E
17	A	B	C	D	E	37	A	B	C	D	E
18	A	B	C	D	E	38	A	B	C	D	E
19	A	B	C	D	E	39	A	B	C	D	E
20	A	B	C	D	E	40	A	B	C	D	E

文化會社出版社
投考公務員 模擬試題王

基本法及國安法測試
模擬試卷（七）

時間：三十分鐘

考生須知：

（一） 細讀答題紙上的指示。宣布開考後，考生須首先於適當位置貼上電腦條碼及填上各項所需資料。宣布停筆後，考生不會獲得額外時間貼上電腦條碼。

（二） 試場主任宣布開卷後，考生請檢查試題冊及確定試題冊內共20條試題。第20條後會有「**全卷完**」的字眼。

（三） 本試卷各題佔分相等。

（四） **本試卷全部試題均須回答**。為便於修正答案，考生宜用HB鉛筆把答案填畫在答題紙上。錯誤答案可用潔淨膠擦將筆痕徹底擦去。考生須清楚填畫答案，否則會因答案未能被辨認而失分。

（五） 每題只可填畫**一個**答案。如填劃超過一個答案，該題將**不獲評分**。

（六） 答案錯誤，不另扣分。

（七） 未經許可，請勿打開試題冊。

CC-CRE-BLNST

1. **《基本法》於何時開始實施？**

   A. 自1984年12月19日起

   B. 自1990年4月4日起

   C. 自1997年6月30日起

   D. 自1997年7月1日起

2. **香港特別行政區的區徽中間是甚麼圖案？**

   A. 一顆大星和五顆小星

   B. 紫荊花金星

   C. 五星花蕊的紫荊花

   D. 五顆小星和紫荊花

3. **香港特別行政區的區旗是甚麼樣式？**

   A. 紫荊花紅旗

   B. 五星紅旗

   C. 五星花蕊的紅旗

   D. 五星花蕊的紫荊花紅旗

4. **根據《基本法》，香港特別行政區的社會治安由哪個機關負責維持？**

   A. 香港特別行政區保安局

   B. 香港特別行政區廉政公署

   C. 香港特別行政區政府

   D. 香港特別行政區法院

5. **根據《基本法》，香港居民在法律方面享有下列哪些權益？**

(i) **選擇律師及時保護自己的合法權益**

(ii) **選擇律師在法庭上為其代理**

(iii) **獲得司法補救**

(iv) **對行政部門和行政人員的行為向法院提起訴訟**

A. (i),(ii),(iii)

B. (i),(ii),(iv)

C. (ii),(iii),(iv)

D. (i),(ii),(iii),(iv)

6. **根據《基本法》，香港居民在移居其他國家和地區方面有甚麼規定？**

A. 移居其他國家和地區前須向保安局申請

B. 有移居其他國家和地區的自由

C. 不能移居到尚未同中國建立正式外交關係的國家和地區

D. 在移居其他國家和地區後必須放棄香港居留權

7. **根據《基本法》，香港特別行政區立法會主席的職權包括下列哪些方面？**

(i) **決定議程，政府提出的議案須優先列入議程**

(ii) **為行政長官提供諮詢**

(iii) **在休會期間可召開特別會議**

A. (i),(ii)

B. (i),(iii)

C. (ii),(iii)

D. (i),(ii),(iii)

8. **香港特別行政區行政長官如因立法會拒絕通過財政預算案或其他重要法案而解散立法會，重選的立法會繼續拒絕通過所爭議的原案，則他/ 她必須____________。**

A. 再次解散立法會

B. 辭職

C. 罷免財政司司長

D. 撤銷該具爭議的原案

9. **香港特別行政區成立前在香港任職的法官和其他司法人員均可留用，其年資予以保留，薪金、津貼、福利待遇和服務條件____________。**

A. 不低於市場的標準

B. 不低於國家的標準

C. 不低於國際的標準

D. 不低於原來的標準

10. **立法會的產生辦法根據香港特別行政區的實際情況和____________的原則而規定，最終達至全部議員由普選產生的目標。**

A. 普及而平等

B. 公平和法治

C. 擁有廣泛民意基礎

D. 循序漸進

11. 中央人民政府在香港特別行政區徵稅方面，有甚麼規定？

A. 中央人民政府不在香港特別行政區徵稅

B. 香港特別行政區每年須向中央人民政府上繳百分之十稅收

C. 香港特別行政區每年須從外匯基金收入向中央人民政府上繳百分之十

D. 香港特別行政區每年須向中央人民政府上繳盈餘的百分之十

12. 香港特別行政區政府可根據甚麼來承認新的專業和專業團體？

A. 該專業和專業團體的歷史背景

B. 該專業團體的財政狀況

C. 社會發展需要並諮詢有關方面的意見

D. 社會發展需要和該專業團體的財政狀況

13. 根據《基本法》第二十四（四）條，非中國籍人士要成為香港特別行政區永久性居民必須符合下列條件：

(i) 在香港特別行政區成立以前或以後持有效旅行證件進入香港

(ii) 在香港通常居住連續七年以上

(iii) 以香港為永久居住地

A. (i),(ii)

B. (i),(iii)

C. (ii),(iii)

D. (i),(ii),(iii)

14.《基本法》的任何修改，均不得同中華人民共和國對香港既定的____________相抵觸。

A. 發展方向

B. 基本方針政策

C. 法律規範

D. 循序漸進原則

15. 香港特別行政區成立時，香港原有法律除由____________宣布為同《基本法》抵觸者外，採用為香港特別行政區法律。

A. 全國人民代表大會常務委員會

B. 中央人民政府

C. 最高人民法院

D. 中國人民政治協商會議

16. 香港特別行政區應當儘早完成香港特別行政區基本法規定的____________，完善相關法律。

A. 社團法

B. 國安法

C. 維護國家安全立法

D. 基本法第 23 條立法

17. **根據《港區國安法》，維護國家主權、統一和領土完整是哪一個團體的義務？**

A. 全中國人民，包括香港居民

B. 全中國人民，不包括香港居民

C. 香港居民

D. 中、港兩地的執法人員

18. **香港特別行政區應當儘早完成香港特別行政區基本法規定的 ＿＿＿＿＿＿＿＿＿＿，完善相關法律。**

A. 維護國家安全立案

B. 維護國家安全立法

C. 維護國家安全部隊

D. 維護國家安全機構

19. **中央人民政府在香港特別行政區設立什麼部門，依法履行維護國家安全職責，行使相關權力？**

A. 國家安全處

B. 國家安全委員會

C. 國家安全研究部

D. 維護國家安全公署

20. **下面何者為「香港國安法」的全稱？**

A. 中華人民共和國香港特別行政區維護國際安全法

B. 中華人民共和國香港特別行政區維護國家安全法

C. 中華人民共和國香港特別行政區維持國家安全法

D. 中國香港維護國家安全法

—全卷完—

CRE-BLNST

文化會社出版社 **CULTURE CROSS LIMITED**

答題紙 ANSWER SHEET

請在此貼上電腦條碼 Please stick the barcode label here

(1) 考生編號 Candidate No.

(2) 考生姓名 Name of Candidate

(3) 考生簽署 Signature of Candidate

宜用H.B.鉛筆作答
You are advised to use H.B. Pencils

考生須依照下圖所示填畫答案：

23 A B C D E

錯填答案可使用潔淨膠擦將筆痕徹底擦去。

切勿摺皺此答題紙

Mark your answer as follows:

23 A B C D E

Wrong marks should be completely erased with a clean rubber.

DO NOT FOLD THIS SHEET

1	A	B	C	D	E	21	A	B	C	D	E
2	A	B	C	D	E	22	A	B	C	D	E
3	A	B	C	D	E	23	A	B	C	D	E
4	A	B	C	D	E	24	A	B	C	D	E
5	A	B	C	D	E	25	A	B	C	D	E
6	A	B	C	D	E	26	A	B	C	D	E
7	A	B	C	D	E	27	A	B	C	D	E
8	A	B	C	D	E	28	A	B	C	D	E
9	A	B	C	D	E	29	A	B	C	D	E
10	A	B	C	D	E	30	A	B	C	D	E
11	A	B	C	D	E	31	A	B	C	D	E
12	A	B	C	D	E	32	A	B	C	D	E
13	A	B	C	D	E	33	A	B	C	D	E
14	A	B	C	D	E	34	A	B	C	D	E
15	A	B	C	D	E	35	A	B	C	D	E
16	A	B	C	D	E	36	A	B	C	D	E
17	A	B	C	D	E	37	A	B	C	D	E
18	A	B	C	D	E	38	A	B	C	D	E
19	A	B	C	D	E	39	A	B	C	D	E
20	A	B	C	D	E	40	A	B	C	D	E

CRE-BLNST
基本法及
香港國安
法測試

MC

文化會社出版社
投考公務員 模擬試題王

基本法及國安法測試
模擬試卷（八）

時間：三十分鐘

考生須知：

（一） 細讀答題紙上的指示。宣布開考後，考生須首先於適當位置貼上電腦條碼及填上各項所需資料。宣布停筆後，考生不會獲得額外時間貼上電腦條碼。

（二） 試場主任宣布開卷後，考生請檢查試題冊及確定試題冊內共20條試題。第20條後會有「**全卷完**」的字眼。

（三） 本試卷各題佔分相等。

（四） **本試卷全部試題均須回答**。為便於修正答案，考生宜用HB鉛筆把答案填畫在答題紙上。錯誤答案可用潔淨膠擦將筆痕徹底擦去。考生須清楚填畫答案，否則會因答案未能被辨認而失分。

（五） 每題只可填畫**一個**答案。如填劃超過一個答案，該題將**不獲評分**。

（六） 答案錯誤，不另扣分。

（七） 未經許可，請勿打開試題冊。

CC-CRE-BLNST

1. **香港特別行政區的設立是根據《中華人民共和國憲法》的哪一條的規定？**

   A. 第三十一條

   B. 第三十三條

   C. 第三十五條

   D. 第三十七條

2. **根據《基本法》，香港特別行政區境內的土地和自然資源由香港特別行政區政府負責＿＿＿＿＿＿＿＿。**

   (i) **管理**

   (ii) **使用**

   (iii) **開發**

   (iv) **出租**

   A. (i),(ii),(iii)

   B. (i),(iii),(iv)

   C. (ii),(iii),(iv)

   D. (i),(ii),(iii),(iv)

3. **中華人民共和國＿＿＿＿＿＿＿＿在香港設立機構處理外交事務。**

   A. 中央人民政府駐香港特別行政區聯絡辦公室

   B. 國務院港澳事務辦公室

   C. 外交部

   D. 中國人民解放軍駐香港部隊

4. **中央人民政府派駐香港的軍隊須遵守甚麼法律？**

   A. 須遵守香港特別行政區的法律，但毋須遵守全國性的法律

   B. 須遵守全國性的法律，但毋須遵守香港的防務法規

   C. 須遵守全國性的法律，但毋須遵守香港特別行政區的法律

   D. 須遵守全國性的法律外，還須遵守香港特別行政區的法律

5. **下列哪些人依法享有《基本法》第三章規定的香港居民的權利和自由？**

   (i) **香港特別行政區永久性居民**

   (ii) **香港特別行政區非永久性居民**

   (iii) **在香港特別行政區境內的香港居民以外的其他人**

   A. (i),(ii)

   B. (i),(iii)

   C. (ii),(iii)

   D. (i),(ii),(iii)

6. **根據《基本法》第二十八條，香港居民的人身自由 ________________。**

   A. 不能與《基本法》抵觸

   B. 不能受到任何限制

   C. 五十年不變

   D. 不受侵犯

7. **如香港特別行政區行政長官短期不能履行職務時，由______________依次臨時代理其職務？**

(i) **政務司司長、律政司司長、財政司司長**

(ii) **律政司司長、政務司司長、財政司司長**

(iii) **政務司司長、財政司司長、律政司司長**

(iv) **財政司司長、政務司司長、律政司司長**

A. (i)

B. (ii)

C. (iii)

D. (iv)

8. **中華人民共和國一貫堅持對香港擁有下列哪一項權力？**

A. 主權

B. 君權

C. 宗主權

D. 神權

9. **香港特別行政區行政長官的職權包括建議中央人民政府免除下列哪一位的職務？**

A. 高等法院首席法官

B. 立法會主席

C. 行政會議成員

D. 審計署署長

10. 在甚麼情況下，中央人民政府可發布命令將有關全國性法律在香港特別行政區實施？

(i) 全國人民代表大會常務委員會因香港特別行政區內發生香港特別行政區政府不能控制的危及國家統一或安全的動亂而決定香港特別行政區進入緊急狀態

(ii) 全國人民代表大會常務委員會決定宣布戰爭狀態

(iii) 全國人民代表大會常務委員會宣布香港特別行政區行政長官無力履行職務

A. (i),(ii)

B. (i),(iii)

C. (ii),(iii)

D. (i),(ii),(iii)

11. 香港特別行政區的財政預算的原則是甚麼？

(i) 量出為入

(ii) 力求收支平衡

(iii) 避免赤字

(iv) 與本地生產總值的增長率相適應

A. (i),(ii),(iii)

B. (i),(ii),(iv)

C. (ii),(iii),(iv)

D. (i),(ii),(iii),(iv)

12. 《基本法》對民間體育團體有甚麼安排？

A. 需重新註冊後才予以承認

B. 可依法繼續存在和發展

C. 需從屬於內地相關機構

D. 需通過財政審查後才予以承認

13. 中華人民共和國締結的國際協議，中央人民政府可根據香港特別行政區的情況和需要，在徵詢＿＿＿＿＿＿的意見後，決定是否適用於香港特別行政區。

A. 全國人民代表大會

B. 最高人民法院

C. 香港特別行政區政府

D. 香港特別行政區基本法委員會

14. 香港特別行政區《基本法》的解釋權屬於哪一個機構？

A. 中央人民政府

B. 最高人民法院

C. 中國人民政治協商會議

D. 全國人民代表大會常務委員會

15. 《基本法》對香港居民的人身自由有下列哪些規定？

(i) 禁止任意或非法搜查居民的身體

(ii) 禁止剝奪或限制居民的人身自由

(iii) 可依法對居民施行酷刑

A. (i),(ii)

B. (i),(iii)

C. (ii),(iii)

D. (i),(ii),(iii)

16. 香港管轄的危害國家安全犯罪案件的審判應當公開進行。因為涉及國家秘密、公共秩序等情形不宜公開審理的，________ 全部或者一部分審理程序，但判決結果應當一律公開宣佈。

A. 禁止所有人旁聽

B. 禁止家屬及公眾旁聽

C. 禁止新聞界旁聽

D. 禁止新聞界和公眾旁聽

17. 關於香港特別行政區法律地位的香港特別行政區基本法第 1 條和第 12 條規定是香港特別行政區基本法的________條款。

A. 根本性

B. 基本性

C. 最高性

D. 重要性

18. 駐香港特別行政區維護國家安全公署應該加強與哪些部門的工作聯繫和協同？

A. 中聯辦、外交部駐香港特別行政區特派員公署、中國人民解放軍駐香港部隊

B. 中聯辦、中國人民解放軍駐香港部隊

C. 外交部駐香港特別行政區特派員公署、中國人民解放軍駐香港部隊

D. 中聯辦、外交部駐香港特別行政區特派員公署

19. 為脅迫__________或威嚇公眾以圖實現政治主張，組織、策劃、實施、參與實施或威脅實施而造成，或意圖造成嚴重社會危害的恐怖活動，即屬犯罪。

A. 中央人民政府

B. 中央人民政府、香港特別行政區政府

C. 香港特別行政區政府

D. 中央人民政府、香港特別行政區政府或國際組織

20. 中央人民政府駐香港特別行政區維護國家安全公署的經費由__________負責。

A. 中華人民共和國外交部駐香港特別行政 區特派員公署

B. 中央人民政府

C. 香港特別行政區

D. 中央人民政府駐香港特別行政區聯絡辦公室

—全卷完—

CRE-BLNST

文化會社出版社 **CULTURE CROSS LIMITED**

答題紙 ANSWER SHEET

請在此貼上電腦條碼
Please stick the barcode label here

(1) 考生編號 Candidate No.

(2) 考生姓名 Name of Candidate

(3) 考生簽署 Signature of Candidate

宜用H.B.鉛筆作答
You are advised to use H.B. Pencils

考生須依照下圖
所示填畫答案：

23 A B C D E

錯填答案可使用潔淨膠擦將筆痕徹底擦去。
切勿摺皺此答題紙

Mark your answer as follows:

23 A B C D E

Wrong marks should be completely erased with a clean rubber.

DO NOT FOLD THIS SHEET

1	A	B	C	D	E	21	A	B	C	D	E
2	A	B	C	D	E	22	A	B	C	D	E
3	A	B	C	D	E	23	A	B	C	D	E
4	A	B	C	D	E	24	A	B	C	D	E
5	A	B	C	D	E	25	A	B	C	D	E
6	A	B	C	D	E	26	A	B	C	D	E
7	A	B	C	D	E	27	A	B	C	D	E
8	A	B	C	D	E	28	A	B	C	D	E
9	A	B	C	D	E	29	A	B	C	D	E
10	A	B	C	D	E	30	A	B	C	D	E
11	A	B	C	D	E	31	A	B	C	D	E
12	A	B	C	D	E	32	A	B	C	D	E
13	A	B	C	D	E	33	A	B	C	D	E
14	A	B	C	D	E	34	A	B	C	D	E
15	A	B	C	D	E	35	A	B	C	D	E
16	A	B	C	D	E	36	A	B	C	D	E
17	A	B	C	D	E	37	A	B	C	D	E
18	A	B	C	D	E	38	A	B	C	D	E
19	A	B	C	D	E	39	A	B	C	D	E
20	A	B	C	D	E	40	A	B	C	D	E

CRE-BLNST
基本法及
香港國安
法測試

MC

基本法及國安法測試
模擬試卷（九）

時間：三十分鐘

考生須知：

（一） 細讀答題紙上的指示。宣布開考後，考生須首先於適當位置貼上電腦條碼及填上各項所需資料。宣布停筆後，考生不會獲得額外時間貼上電腦條碼。

（二） 試場主任宣布開卷後，考生請檢查試題冊及確定試題冊內共20條試題。第20條後會有「**全卷完**」的字眼。

（三） 本試卷各題佔分相等。

（四） **本試卷全部試題均須回答**。為便於修正答案，考生宜用HB鉛筆把答案填畫在答題紙上。錯誤答案可用潔淨膠擦將筆痕徹底擦去。考生須清楚填畫答案，否則會因答案未能被辨認而失分。

（五） 每題只可填畫**一個**答案。如填劃超過一個答案，該題將**不獲評分**。

（六） 答案錯誤，不另扣分。

（七） 未經許可，請勿打開試題冊。

CC-CRE-BLNST

1. **根據《基本法》，香港特別行政區行政長官的職權包括下列哪些方面？**

(i) 決定政府政策和發布行政命令

(ii) 依照法定程序任免各級法院法官

(iii) 代表香港特別行政區政府處理中央授權的對外事務和其他事務

(iv) 處理請願、申訴事項

A. (i),(ii),(iii)

B. (i),(iii),(iv)

C. (ii),(iii),(iv)

D. (i),(ii),(iii),(iv)

2. **香港特別行政區獲哪一個機構授權依照《基本法》的規定實行高度自治？**

A. 中國人民政治協商會議

B. 全國人民代表大會

C. 中央人民政府

D. 最高人民法院

3. **在香港特別行政區實行的法律包括____________。**

(i) **《基本法》**

(ii) **《基本法》第八條規定的香港原有法律**

(iii) **香港特別行政區立法機關制定的法律**

A. (i),(ii)

B. (i),(iii)

C. (ii),(iii)

D. (i),(ii),(iii)

4. **根據《基本法》第二十二條，香港特別行政區可在哪裡設立辦事機構？**

A. 北京

B. 天津

C. 上海

D. 重慶

5. **根據《基本法》，在甚麼情況下，由有關機關依照法律程序對通訊進行檢查？**

A. 因公共安全和追查刑事犯罪的需要

B. 中華人民共和國外交部駐香港特別行政區特派專員公署提出要求

C. 中央人民政府駐香港特別行政區聯絡辦公室提出要求

D. 外國政府提出要求

6. **根據《基本法》第三十九條，下列哪些公約適用於香港的有關規定繼續有效，並通過香港特別行政區的法律予以實施？**

(i) **《公民權利和政治權利國際公約》**

(ii) **《經濟、社會與文化權利的國際公約》**

(iii) **《資本主義體制下經濟和政治國際公約》**

(iv) **國際勞工公約**

A. (i),(ii),(iii)

B. (i),(ii),(iv)

C. (ii),(iii),(iv)

D. (i),(ii),(iii),(iv)

7. **要擔任香港特別行政區的行政長官必須年滿多少歲？**

A. 34歲

B. 36歲

C. 38歲

D. 40歲

8. **香港特別行政區法院的法官，根據當地法官和法律界及其他方面知名人士組成的獨立委員會推薦，由誰任命？**

A. 行政長官

B. 律政司司長

C. 終審法院首席法官

D. 高等法院首席法官

9. **香港特別行政區行政長官如因兩次拒絕簽署立法會通過的法案而解散立法會，重選的立法會仍以全體議員三分之二多數通過所爭議的原案，而行政長官仍拒絕簽署，則他／她必須______________。**

A. 再次解散立法會

B. 辭職

C. 呈請全國人民代表大會常務委員會釋法

D. 撤銷該法案

10. **根據《基本法》，以下哪些屬於香港特別行政區政府行使的職權？**

(i) **制定並執行政策**

(ii) **管理各項行政事務**

(iii) **辦理《基本法》規定的中央人民政府授權的對外事務**

A. (i),(ii)

B. (i),(iii)

C. (ii),(iii)

D. (i),(ii),(iii)

11. 根據《基本法》第一百一十九條的規定，香港特別行政區政府制定適當政策，促進和協調甚麼行業的發展？

(i) 製造業

(ii) 商業

(iii) 房地產業

(iv) 公用事業

A. (i),(ii),(iii)

B. (i),(ii),(iv)

C. (ii),(iii),(iv)

D. (i),(ii),(iii),(iv)

12. 香港特別行政區政府在原有教育制度的基礎上，自行制定有關教育的發展和改進的政策，包括：

(i) 教學語言

(ii) 考試制度

(iii) 承認學歷

(iv) 教育體制和管理

A. (i),(ii),(iii)

B. (i),(iii),(iv)

C. (ii),(iii),(iv)

D. (i),(ii),(iii),(iv)

13. **對中華人民共和國已參加而香港也以某種形式參加了的國際組織，中央人民政府將採取必要措施使香港特別行政區______________。**

A. 以適當形式繼續保持在這些組織中的地位

B. 重新申請加入這些組織

C. 退出這些組織

D. 以觀察員身份參加這些組織

14. **香港特別行政區《基本法》的修改權屬於哪一個機構？**

A. 全國人民代表大會

B. 中國人民政治協商會議

C. 最高人民法院

D. 中央人民政府

15. **根據《基本法》附件二的規定，二零零七年以後香港特別行政區立法會的產生辦法如需修改，須經立法會全體議員三分之二多數通過，行政長官同意，並報全國人民代表大會常務委員會______________。**

A. 通過

B. 同意

C. 批准

D. 備案

16. 香港特別行政區維護國家安全委員會設立「國家安全事務顧問」，就香港特別行政區維護國家安全委員會履行職責相關事務提供意見。國家安全事務顧問更會列席香港特別行政區維護國家安全委員會會議。

請問該名顧問是由誰指派？

A. 中央人民政府

B. 國務院

C. 國家主席

D. 全國人民代表大會

17. 下列哪些內容不正確？

a. 執法、司法機關及其人員或者辦理其他危害國家安全犯罪案件的執法、司法機關及其人員，應當對辦案過程中知悉的國家秘密予以保密。

b. 律師不用保守在執業活動中知悉的國家秘密。

c. 配合辦案的有關機構、組織和個人應當對案件有關情況予以保密。

A. a、b

B. a、b、c

C. b

D. b、c

18. ____________設立維護國家安全委員會，負責香港特別行政區維護國家安全事務，承擔維護國家安全的主要責任，並接受中央人民政府的監督和問責。

A. 中國中央人民政府

B. 香港特別行政區終審法院

C. 香港特別行政區地區議會

D. 香港特別行政區

19. 根據《港區國安法》第4條，香港特別行政區維護國家安全應當尊重和保障人權，依法保護香港特別行政區居民根據香港特別行政區基本法和其他公約適用於香港的有關規定享有的包括言論、新聞、出版的自由，____________在內的權利和自由。

A. 教育、生育、資金進出的自由

B. 旅遊、移居、出入境的自由

C. 結社、集會、遊行、示威的自由

D. 參與娛樂、體育、民辦活動的自由

20. 香港特別行政區應當通過哪幾方面，開展國家安全教育，提高香港特別行政區居民的國家安全意識和守法意識？

A. 學校、社會團體、報章、網絡

B. 學校、社會團體、媒體、網絡。

C. 警訊、少年警訊、社區關愛隊、民政事務處、教育局

D. 藝人、網紅、手遊、議員

—全卷完—

CRE-BLNST

文化會社出版社 **CULTURE CROSS LIMITED**

答題紙 ANSWER SHEET

請在此貼上電腦條碼 Please stick the barcode label here

(1) 考生編號 Candidate No.

(2) 考生姓名 Name of Candidate

(3) 考生簽署 Signature of Candidate

宜用H.B.鉛筆作答
You are advised to use H.B. Pencils

考生須依照下圖所示填畫答案：

23 A B C D E

錯填答案可使用潔淨膠擦將筆痕徹底擦去。

切勿摺皺此答題紙

Mark your answer as follows:

23 A B C D E

Wrong marks should be completely erased with a clean rubber.

DO NOT FOLD THIS SHEET

1	A	B	C	D	E	21	A	B	C	D	E
2	A	B	C	D	E	22	A	B	C	D	E
3	A	B	C	D	E	23	A	B	C	D	E
4	A	B	C	D	E	24	A	B	C	D	E
5	A	B	C	D	E	25	A	B	C	D	E
6	A	B	C	D	E	26	A	B	C	D	E
7	A	B	C	D	E	27	A	B	C	D	E
8	A	B	C	D	E	28	A	B	C	D	E
9	A	B	C	D	E	29	A	B	C	D	E
10	A	B	C	D	E	30	A	B	C	D	E
11	A	B	C	D	E	31	A	B	C	D	E
12	A	B	C	D	E	32	A	B	C	D	E
13	A	B	C	D	E	33	A	B	C	D	E
14	A	B	C	D	E	34	A	B	C	D	E
15	A	B	C	D	E	35	A	B	C	D	E
16	A	B	C	D	E	36	A	B	C	D	E
17	A	B	C	D	E	37	A	B	C	D	E
18	A	B	C	D	E	38	A	B	C	D	E
19	A	B	C	D	E	39	A	B	C	D	E
20	A	B	C	D	E	40	A	B	C	D	E

文化會社出版社
投考公務員 模擬試題王

基本法及國安法測試
模擬試卷（十）

時間：三十分鐘

考生須知：

（一） 細讀答題紙上的指示。宣布開考後，考生須首先於適當位置貼上電腦條碼及填上各項所需資料。宣布停筆後，考生不會獲得額外時間貼上電腦條碼。

（二） 試場主任宣布開卷後，考生請檢查試題冊及確定試題冊內共20條試題。第20條後會有「**全卷完**」的字眼。

（三） 本試卷各題佔分相等。

（四） **本試卷全部試題均須回答**。為便於修正答案，考生宜用HB鉛筆把答案填畫在答題紙上。錯誤答案可用潔淨膠擦將筆痕徹底擦去。考生須清楚填畫答案，否則會因答案未能被辨認而失分。

（五） 每題只可填畫**一個**答案。如填劃超過一個答案，該題將**不獲評分**。

（六） 答案錯誤，不另扣分。

（七） 未經許可，請勿打開試題冊。

CC-CRE-BLNST

1. 《基本法》對中央各部門、各省、自治區、直轄市在香港特別行政區設立的一切機構及其人員在遵守法律方面有甚麼規定？

   A. 毋須遵守中華人民共和國的法律

   B. 只須遵守中華人民共和國的法律

   C. 須遵守香港特別行政區的法律

   D. 只須遵守在香港特別行政區實施的全國性法律

2. 香港特別行政區區徽周圍寫有甚麼文字？

   A. 「香港特別行政區」和「香港」

   B. 「香港特別行政區」和英文「香港」

   C. 「中華人民共和國香港特別行政區」和「香港」

   D. 「中華人民共和國香港特別行政區」和英文「香港」

3. 根據《基本法》，下列哪些範疇由中央人民政府負責管理？

   (i) 與香港特別行政區有關的外交事務

   (ii) 維持香港特別行政區的社會治安

   (iii) 香港特別行政區的防務

   A. (i),(ii)

   B. (i),(iii)

   C. (ii),(iii)

   D. (i),(ii),(iii)

4. **中央人民政府派駐香港的軍隊有甚麼職責？**
   A. 代表香港與其他國家在軍事方面建立聯繫
   B. 負責香港特別行政區的防務
   C. 防止香港社會出現動亂
   D. 阻嚇有組織罪案的發生

5. **根據《基本法》第三十五條，香港居民有權對行政部門和行政人員的行為＿＿＿＿＿＿。**
   A. 向法院提起訴訟
   B. 經律政司審核後向法院提起訴訟
   C. 經申訴專員審核後向法院提起訴訟
   D. 經廉政專員審核後向法院提起訴訟

6. **根據《基本法》，尚未為中華人民共和國承認的國家，只能在香港特別行政區設立＿＿＿＿＿＿。**
   A. 官方機構
   B. 半官方機構
   C. 民間機構
   D. 政府機構

7. **根據《基本法》，行政長官在其一任任期內只能解散立法會多少次？**
   A. 一次
   B. 兩次
   C. 三次
   D. 四次

8. **香港特別行政區的終審權屬於哪一個機構？**

A. 全國人民代表大會

B. 香港特別行政區立法會

C. 香港特別行政區終審法院

D. 最高人民法院

9. **香港特別行政區行政會議由誰主持？**

A. 行政長官

B. 行政會議召集人

C. 行政長官辦公室主任

D. 中央政策組首席顧問

10. **香港特別行政區立法會議員根據《基本法》規定並依照法定程序提出法律草案，凡涉及政府政策者，在提出前必須得到誰的書面同意？**

A. 行政長官

B. 立法會主席

C. 終審法院首席法官

D. 行政會議召集人

11. 根據《基本法》第一百一十二條，下列哪些項目受香港特別行政區政府保障？

(i) 資金的流動

(ii) 資金的借貸

(iii)資金的進出自由

A. (i),(ii)

B. (i),(iii)

C. (ii),(iii)

D. (i),(ii),(iii)

12.《基本法》中對香港特別行政區成立前已取得專業和執業資格者，有甚麼規定？

A. 予以取消，不作保留

B. 只有部份專業資格予以承認及保留

C. 須重新考試釐定資格

D. 可依據有關規定和專業守則保留原有的資格

13. 根據《基本法》，已同中華人民共和國建立正式外交關係的國家在香港設立的領事機構和其他官方機構，＿＿＿＿＿＿＿＿。

A. 可予保留

B. 可根據情況允許保留或改為半官方機構

C. 改為民間機構

D. 不得保留

14. **全國人民代表大會常務委員會在對《基本法》進行解釋前，徵詢哪個機構的意見？**

A. 香港特別行政區行政會議

B. 香港特別行政區基本法委員會

C. 香港特別行政區立法會

D. 香港特別行政區終審法院

15. **在甚麼情況下，在香港原有法律下有效的文件、證件、契約和權利義務，繼續有效，受香港特別行政區的承認和保護？**

A. 在不抵觸《基本法》的前提下

B. 在全國人民代表大會常務委員會同意的前提下

C. 在香港特別行政區立法會同意的前提下

D. 在香港特別行政區基本法委員會同意的前提下

16. **因實施國安法規定的犯罪而獲得的資助、收益、報酬等違法所得以及用於或者意圖用於犯罪的資金和工具，應當予以______________。**

A. 發還給市民

B. 鼓勵和支持

C. 凍結

D. 追繳和沒收

17. **香港特別行政區應當＿＿＿＿＿＿完成香港特別行政區基本法規定的維護國家安全立法，完善相關法律。**

A. 儘早

B. 盡量

C. 盡力

D. 盡興

18. **香港特別行政區維護國家安全委員會下設秘書處，由秘書長領導。秘書長由 (a)＿＿＿＿＿＿提名，報 (b＿＿＿＿＿＿任命。**

A. (a) 行政長官；(b) 中央人民政府

B. (a) 行政長官；(b) 國務院

C. (a) 中央人民政府；(b) 行政長官

D. (a) 國務院；(b) 行政長官

19. 香港特別行政區應當加強維護國家安全和防範恐怖活動的工作。對學校、社會團體、媒體、網絡等涉及國家安全的事宜，香港特別行政區政府應當採取必要措施，加強甚麼？

a. 打擊

b. 指導

c. 判刑

d. 宣傳

e. 拘捕

f. 監督

g. 罰款

h. 管理

i. 監管

j. 推廣

A. a、b、c

B. b、d、f、h

C. d、e、g

D. g、h、i

20. **香港特別行政區行政長官應當就香港特別行政區維護國家安全事務向 ____________ 負責，並就香港特別行政區履行維護國家安全職責的情況提交報告。**

A. 全國人大

B. 全國人大常務委員會

C. 中央人民政府

D. 國務院

—全卷完—

CRE-BLNST

文化會社出版社 **CULTURE CROSS LIMITED**

答題紙 ANSWER SHEET

請在此貼上電腦條碼 Please stick the barcode label here

(1) 考生編號 Candidate No.

(2) 考生姓名 Name of Candidate

(3) 考生簽署 Signature of Candidate

宜用H.B.鉛筆作答
You are advised to use H.B. Pencils

考生須依照下圖所示填畫答案：

23 A B C D E

錯填答案可使用潔淨膠擦將筆痕徹底擦去。
切勿摺皺此答題紙

Mark your answer as follows:

23 A B C D E

Wrong marks should be completely erased with a clean rubber.

DO NOT FOLD THIS SHEET

No.						No.					
1	A	B	C	D	E	21	A	B	C	D	E
2	A	B	C	D	E	22	A	B	C	D	E
3	A	B	C	D	E	23	A	B	C	D	E
4	A	B	C	D	E	24	A	B	C	D	E
5	A	B	C	D	E	25	A	B	C	D	E
6	A	B	C	D	E	26	A	B	C	D	E
7	A	B	C	D	E	27	A	B	C	D	E
8	A	B	C	D	E	28	A	B	C	D	E
9	A	B	C	D	E	29	A	B	C	D	E
10	A	B	C	D	E	30	A	B	C	D	E
11	A	B	C	D	E	31	A	B	C	D	E
12	A	B	C	D	E	32	A	B	C	D	E
13	A	B	C	D	E	33	A	B	C	D	E
14	A	B	C	D	E	34	A	B	C	D	E
15	A	B	C	D	E	35	A	B	C	D	E
16	A	B	C	D	E	36	A	B	C	D	E
17	A	B	C	D	E	37	A	B	C	D	E
18	A	B	C	D	E	38	A	B	C	D	E
19	A	B	C	D	E	39	A	B	C	D	E
20	A	B	C	D	E	40	A	B	C	D	E

CRE-BLNST
基本法及
香港國安
法測試

MC

文化會社出版社
投考公務員 模擬試題王

基本法及國安法測試
模擬試卷（十一）

時間：三十分鐘

考生須知：

（一） 細讀答題紙上的指示。宣布開考後，考生須首先於適當位置貼上電腦條碼及填上各項所需資料。宣布停筆後，考生不會獲得額外時間貼上電腦條碼。

（二） 試場主任宣布開卷後，考生請檢查試題冊及確定試題冊內共20條試題。第20條後會有「**全卷完**」的字眼。

（三） 本試卷各題佔分相等。

（四） **本試卷全部試題均須回答**。為便於修正答案，考生宜用HB鉛筆把答案填畫在答題紙上。錯誤答案可用潔淨膠擦將筆痕徹底擦去。考生須清楚填畫答案，否則會因答案未能被辨認而失分。

（五） 每題只可填畫**一個**答案。如填劃超過一個答案，該題將**不獲評分**。

（六） 答案錯誤，不另扣分。

（七） 未經許可，請勿打開試題冊。

CC-CRE-BLNST

1. 中華人民共和國香港特別行政區基本法起草委員會的功用是甚麼？

   (i) 起草《基本法》

   (ii) 解釋《基本法》

   (iii) 執行《基本法》

   A. (i)

   B. (ii)

   C. (iii)

   D. (i),(ii),(iii)

2. 在甚麼情況下，全國人民代表大會常務委員會在徵詢其所屬的香港特別行政區基本法委員會後，可將香港特別行政區立法機關制定的法律發回？

   (i) 如全國人民代表大會常務委員會認為該法律不符合《基本法》關於中央管理的事務的條款

   (ii) 如全國人民代表大會常務委員會認為該法律不符合《基本法》關於中央和香港特別行政區的關係的條款

   (iii) 如全國人民代表大會常務委員會認為該法律未諮詢香港特別行政區基本法委員會的意見

   A. (i),(ii)

   B. (i),(iii)

   C. (ii),(iii)

   D. (i),(ii),(iii)

3. **根據《基本法》第四條，香港特別行政區依法保障香港特別行政區居民和其他人的____________。**

A. 權利和財產

B. 權利和自由

C. 財產和自由

D. 自由和義務

4. **香港特別行政區立法會是香港特別行政區的甚麼機關？**

A. 行政

B. 立法

C. 司法

D. 審計

5. **香港特別行政區政府是香港特別行政區的甚麼機關？**

A. 行政

B. 立法

C. 司法

D. 審計

6. **下列哪些人士屬香港特別行政區永久性居民？**

   (i) **在香港特別行政區成立以後在香港出生的中國公民**

   (ii) **在香港特別行政區成立以前在香港出生的中國公民**

   (iii) **在香港特別行政區成立以後在香港通常居住連續七年以上的中國公民**

   A. (i)

   B. (i),(ii)

   C. (ii),(iii)

   D. (i),(ii),(iii)

7. **根據《基本法》附件二，政府提出的法案，如獲得出席立法會會議的全體議員的____________票，即為通過。**

   A. 過半數

   B. 三分之一

   C. 四分之一

   D. 五分之一

8. **香港特別行政區行政長官的職權包括提名並報請中央人民政府任命下列哪一位？**

   A. 香港特別行政區法院的法官

   B. 警務處處長

   C. 行政會議召集人

   D. 立法會主席

9. **根據《基本法》，下列哪一類人士可以成為香港特別行政區的主要官員？**

A. 擁有大學或碩士學位的人士

B. 通過綜合招聘考試及基本法測試的人士

C. 由中央人民政府推薦的人士

D. 在外國無居留權的香港特別行政區永久性居民中的中國公民

10. **除第一屆外，香港特別行政區立法會每屆任期為多久？**

A. 兩年

B. 三年

C. 四年

D. 五年

11. **根據《基本法》，港幣的發行權屬於____________。**

A. 中央人民政府

B. 香港特別行政區政府

C. 中央人民政府和香港特別行政區政府

D. 香港特別行政區政府，但需經中央批准

12. **獲香港特別行政區政府繼續承認在特別行政區成立以前已承認的專業團體，＿＿＿＿＿＿＿＿。**

A. 只可自行審核，不可頒授專業資格

B. 不可自行審核，只可頒授專業資格

C. 可自行審核和頒授專業資格

D. 不可自行審核，亦不可頒授專業資格

13. **根據《基本法》，尚未同中華人民共和國建立正式外交關係的國家在香港設立的領事機構和其他官方機構，＿＿＿＿＿＿＿＿。**

A. 可予保留

B. 可根據情況允許保留或改為半官方機構

C. 改為民間機構

D. 不得保留

14. **《基本法》的修改提案權屬於哪一個機構？**

(i) **最高人民法院**

(ii) **全國人民代表大會常務委員會、國務院和香港特別行政區**

(iii) **國務院和全國人民代表大會**

(iv) **香港特別行政區終審法院**

A. (i)

B. (ii)

C. (iii)

D. (iv)

15. **根據《基本法》附件一規定，二零零七年以後各任行政長官的產生辦法如需修改，須經立法會全體議員三分之二多數通過，行政長官同意，並報全國人民代表大會常務委員會 ＿＿＿＿＿＿。**

A. 通過

B. 同意

C. 批准

D. 備案

16. **任何人經法院判決犯危害國家安全罪行的，即喪失作為候選人參加 ＿＿＿＿＿＿。**

A. 立法會、區議會選舉的資格

B. 立法會、區議會選舉或行政長官選舉委員會委員的資格

C. 立法會、區議會選舉或出任香港特別行政區任何公職，又或者行政長官選舉委員會委員的資格

D. 立法會、區議會選舉或出任香港特別行政區任何公職的資格

17. 為堅定不移並全面準確貫徹「一國兩制」、「港人治港」、高度自治的方針，維護國家安全，防範、制止和懲治與香港特別行政區有關的 ____________ 、____________ 、____________ 和勾結外國或者境外勢力危害國家安全等犯罪，保持香港特別行政區的繁榮和穩定，保障香港特別行政區居民的合法權益，根據中華人民共和國憲法、中華人民共和國香港特別行政區基本法和全國人民代表大會關於建立健全香港特別行政區維護國家安全的法律制度和執行機制的決定，制定本法。

A. 從國家分裂香港、組織間諜活動、顛覆國家政權

B. 竊取國家機密、組織實施恐怖活動、顛覆國家政權

C. 分裂國家、顛覆國家政權、組織實施恐怖活動

D. 組織間諜活動、分裂國家、顛覆政府政權

18. 當香港特別行政區本地法律規定與港區國安法出現不一致的情況，該以下列哪項為準？

A. 以香港本地法律為準

B. 以適用港區國安法為準

C. 以終審法院的最終判決為準

D. 以全國性法律為準

19.《港區國安法》以全國性法律形式納於《香港特別行政區基本法》附件 ____________ 中。

A. 四

B. 三

C. 二

D. 一

20. 以下哪項不是香港特別行政區維護國家安全委員會根據《中華人民共和國香港特別行政區維護國家安全法》第 14 條承擔的職責？

A. 協調香港特別行政區維護國家安全的重點工作

B. 推進香港特別行政區維護國家安全的法律制度和執行機制建設

C. 就危害國家安全案件提出檢控

D. 分析研判香港特別行政區維護國家安全形勢

—全卷完—

CRE-BLNST

文化會社出版社 **CULTURE CROSS LIMITED**

答題紙 ANSWER SHEET

請在此貼上電腦條碼 Please stick the barcode label here

(1) 考生編號 Candidate No.

(2) 考生姓名 Name of Candidate

(3) 考生簽署 Signature of Candidate

宜用H.B.鉛筆作答
You are advised to use H.B. Pencils

考生須依照下圖所示填畫答案：

23 A B C D E

錯填答案可使用潔淨膠擦將筆痕徹底擦去。
切勿摺皺此答題紙

Mark your answer as follows:

23 A B C D E

Wrong marks should be completely erased with a clean rubber.

DO NOT FOLD THIS SHEET

1	A	B	C	D	E	21	A	B	C	D	E
2	A	B	C	D	E	22	A	B	C	D	E
3	A	B	C	D	E	23	A	B	C	D	E
4	A	B	C	D	E	24	A	B	C	D	E
5	A	B	C	D	E	25	A	B	C	D	E
6	A	B	C	D	E	26	A	B	C	D	E
7	A	B	C	D	E	27	A	B	C	D	E
8	A	B	C	D	E	28	A	B	C	D	E
9	A	B	C	D	E	29	A	B	C	D	E
10	A	B	C	D	E	30	A	B	C	D	E
11	A	B	C	D	E	31	A	B	C	D	E
12	A	B	C	D	E	32	A	B	C	D	E
13	A	B	C	D	E	33	A	B	C	D	E
14	A	B	C	D	E	34	A	B	C	D	E
15	A	B	C	D	E	35	A	B	C	D	E
16	A	B	C	D	E	36	A	B	C	D	E
17	A	B	C	D	E	37	A	B	C	D	E
18	A	B	C	D	E	38	A	B	C	D	E
19	A	B	C	D	E	39	A	B	C	D	E
20	A	B	C	D	E	40	A	B	C	D	E

CRE-BLNST
基本法及
香港國安
法測試

MC

文化會社出版社
投考公務員 模擬試題王

基本法及國安法測試
模擬試卷（十二）

時間：三十分鐘

考生須知：

（一） 細讀答題紙上的指示。宣布開考後，考生須首先於適當位置貼上電腦條碼及填上各項所需資料。宣布停筆後，考生不會獲得額外時間貼上電腦條碼。

（二） 試場主任宣布開卷後，考生請檢查試題冊及確定試題冊內共20條試題。第20條後會有「**全卷完**」的字眼。

（三） 本試卷各題佔分相等。

（四） **本試卷全部試題均須回答**。為便於修正答案，考生宜用HB鉛筆把答案填畫在答題紙上。錯誤答案可用潔淨膠擦將筆痕徹底擦去。考生須清楚填畫答案，否則會因答案未能被辨認而失分。

（五） 每題只可填畫**一個**答案。如填劃超過一個答案，該題將**不獲評分**。

（六） 答案錯誤，不另扣分。

（七） 未經許可，請勿打開試題冊。

CC-CRE-BLNST

1. **「一國兩制」的構思是誰提出？**

   A. 毛澤東

   B. 周恩來

   C. 鄧小平

   D. 江澤民

2. **根據《基本法》第三條，香港特別行政區的行政機關和立法機關，由甚麼人依照《基本法》有關規定組成？**

   (i) 香港永久性居民

   (ii) 非永久性居民

   (iii) 非中國籍的人

   A. (i)

   B. (ii)

   C. (iii)

   D. (i),(ii),(iii)

3. **列入《基本法》附件三的由香港特別行政區在當地公布或立法實施的全國性法律，限於哪些類別？**

   A. 限於有關國防、外交和其他按基本法規定不屬於香港特別行政區自治範圍的法律

   B. 限於有關行政、立法和其他按基本法規定不屬於香港特別行政區自治範圍的法律

   C. 限於有關行政、司法和其他按基本法規定不屬於香港特別行政區自治範圍的法律

   D. 限於有關司法、軍事和其他按基本法規定不屬於香港特別行政區自治範圍的法律

4. **香港特別行政區是中華人民共和國的一個享有高度自治權的地方行政區域，直轄於＿＿＿＿＿＿。**

A. 全國人民代表大會

B. 最高人民法院

C. 中央人民政府

D. 中國人民政治協商會議

5. **根據《基本法》，與香港特別行政區有關的外交事務由哪個機關負責管理？**

A. 全國人民代表大會

B. 中央人民政府

C. 中國人民政治協商會議

D. 最高人民法院

6. **根據《基本法》第四十條，「新界」原居民的合法傳統權益＿＿＿＿＿＿。**

A. 受立法會的保護

B. 須廢除重男輕女部份

C. 由鄉議局處理

D. 受香港特別行政區的保護

7. **根據《基本法》，香港居民享有下列哪些自由？**

(i) **言論的自由**

(ii) **出版的自由**

(iii) **新聞的自由**

A. (i),(ii)

B. (i),(iii)

C. (ii),(iii)

D. (i),(ii),(iii)

8. **根據《基本法》第九十九條，公務人員必須**____________。

A. 盡忠職守，向中華人民共和國宣誓效忠

B. 廉潔自重，向香港特別行政區居民負責

C. 盡忠職守，對香港特別行政區政府負責

D. 廉潔自重，盡忠職守

9. **誰是香港特別行政區的首長，代表香港特別行政區？**

A. 香港特別行政區行政長官

B. 香港特別行政區立法會主席

C. 香港特別行政區終審法院首席法官

D. 香港特別行政區行政會議召集人

10. 根據《基本法》的規定，原在香港實行的陪審制度的原則______________。

A. 予以保留

B. 經全國人民代表大會常務委員會修訂後，才可在香港特別行政區執行

C. 經最高人民法院修訂後，才可在香港特別行政區執行

D. 經中央人民政府修訂後，才可在香港特別行政區執行

11. 以下哪一項不是成為香港特別行政區立法會主席的條件？

A. 年滿三十周歲

B. 在香港通常居住連續滿二十年

C. 在外國無居留權

D. 香港特別行政區永久性居民的中國公民

12. 不涉及往返、經停中國內地而只往返、經停香港的定期航班，均由《基本法》第一百三十三條所指的甚麼協定或協議予以規定？

(i) 民用航空運輸協定

(ii) 臨時協議

(iii) 軍用航空運輸協定

A. (i),(ii)

B. (i),(iii)

C. (ii),(iii)

D. (i),(ii),(iii)

13. 下列哪些政策由香港特別行政區政府自行制定？

(i) 有關教育的發展和改進的政策

(ii) 有關勞工的政策

(iii) 體育政策

A. (i),(ii)

B. (i),(iii)

C. (ii),(iii)

D. (i),(ii),(iii)

14. 根據《基本法》第一百五十條，香港特別行政區政府的代表，可如何參加由中央人民政府進行的同香港特別行政區直接有關的外交談判？

A. 作為中華人民共和國政府代表團的成員

B. 中央人民政府授權香港特別行政區政府自行參加

C. 自行參加

D. 不可以參加

15. 根據《基本法》附件一，選舉委員會根據提名的名單，以甚麼方式投票選出行政長官候任人？

(i) 保密

(ii) 一人一票

(iii) 無記名

A. (i),(ii)

B. (i),(iii)

C. (ii),(iii)

D. (i),(ii),(iii)

16. **香港特別行政區維護國家安全委員會，由行政長官擔任主席，成員包括政務司長、財政司長、律政司長、保安局局長、警務處處長、本法第 16 條規定的警務處維護國家安全部門的負責人、____________、____________、____________。**

   A. 懲教署署長、海關關長、行政長官辦公室主任

   B. 懲教署署長、入境事務處處長、海關關長

   C. 入境事務處處長、海關關長、行政長官辦公室主任

   D. 入境事務處處長、海關關長、消防處處長

17. **有以下哪項情形的，對有關犯罪行為人可以從輕、減輕處罰；犯罪較輕的，可以免被處罰？**

   a. **參與犯罪並不是領導角色**

   b. **自動投案，如實供述自己的罪行的**

   c. **揭發他人犯罪行為，查證屬實，或者提供重要線索得以偵破其他案件的**

   A. a、b

   B. a、b、c

   C. a、c

   D. b、c

18. 除非 (a) ____________ 有充足理由相信其不會繼續實施危害國家安全行為的，不得准予 (b) ____________。

A. (a) 法官；(b) 保釋

B. (a) 警務處；(b) 保釋

C. (a) 特區政府；(b) 結束羈押

D. (a) 法官；(b) 結束羈押

19. 任何人經法院判決犯危害國家安全罪行的，即喪失作為候選人參加香港特別行政區舉行的____________ 、____________選舉或者出任香港特別行政區任何公職，或行政長官選舉委員會委員的資格。

A. 立法會、區議會

B. 立法會、行政會

C. 立法會內務小組、區議會

D. 行政會、區議會

20.《港區國安法》懲處的四大罪行是：

A. 分裂國家罪、顛覆國家政權罪、恐怖活動罪、勾結外國或境外勢力危害國家安全罪

B. 分裂國家罪、顛覆國家政權罪、組織活動罪、勾結外國或境外勢力危害國家安全罪

C. 分裂國家罪、燒毀國家旗幟罪、恐怖活動罪、勾結外國或境外勢力危害國家安全罪

D. 分裂國家罪、顛覆國家政權罪、恐怖活動罪、勾結外國或任何勢力危害國家安全罪

—全卷完—

CRE-BLNST

文化會社出版社 **CULTURE CROSS LIMITED**

答題紙 ANSWER SHEET

請在此貼上電腦條碼
Please stick the barcode label here

(1) 考生編號 Candidate No.

(2) 考生姓名 Name of Candidate

(3) 考生簽署 Signature of Candidate

宜用H.B.鉛筆作答
You are advised to use H.B. Pencils

考生須依照下圖所示填畫答案：

23 A B C D E

錯填答案可使用潔淨膠擦將筆痕徹底擦去。
切勿摺皺此答題紙

Mark your answer as follows:

23 A B C D E

Wrong marks should be completely erased with a clean rubber.

DO NOT FOLD THIS SHEET

1	A	B	C	D	E	21	A	B	C	D	E
2	A	B	C	D	E	22	A	B	C	D	E
3	A	B	C	D	E	23	A	B	C	D	E
4	A	B	C	D	E	24	A	B	C	D	E
5	A	B	C	D	E	25	A	B	C	D	E
6	A	B	C	D	E	26	A	B	C	D	E
7	A	B	C	D	E	27	A	B	C	D	E
8	A	B	C	D	E	28	A	B	C	D	E
9	A	B	C	D	E	29	A	B	C	D	E
10	A	B	C	D	E	30	A	B	C	D	E
11	A	B	C	D	E	31	A	B	C	D	E
12	A	B	C	D	E	32	A	B	C	D	E
13	A	B	C	D	E	33	A	B	C	D	E
14	A	B	C	D	E	34	A	B	C	D	E
15	A	B	C	D	E	35	A	B	C	D	E
16	A	B	C	D	E	36	A	B	C	D	E
17	A	B	C	D	E	37	A	B	C	D	E
18	A	B	C	D	E	38	A	B	C	D	E
19	A	B	C	D	E	39	A	B	C	D	E
20	A	B	C	D	E	40	A	B	C	D	E

文化會社出版社
投考公務員 模擬試題王

基本法及國安法測試
模擬試卷(十三)

時間:三十分鐘

考生須知:

(一) 細讀答題紙上的指示。宣布開考後,考生須首先於適當位置貼上電腦條碼及填上各項所需資料。宣布停筆後,考生不會獲得額外時間貼上電腦條碼。

(二) 試場主任宣布開卷後,考生請檢查試題冊及確定試題冊內共20條試題。第20條後會有「**全卷完**」的字眼。

(三) 本試卷各題佔分相等。

(四) **本試卷全部試題均須回答**。為便於修正答案,考生宜用HB鉛筆把答案填畫在答題紙上。錯誤答案可用潔淨膠擦將筆痕徹底擦去。考生須清楚填畫答案,否則會因答案未能被辨認而失分。

(五) 每題只可填畫**一個**答案。如填劃超過一個答案,該題將**不獲評分**。

(六) 答案錯誤,不另扣分。

(七) 未經許可,請勿打開試題冊。

CC-CRE-BLNST

1. **落實「一國兩制」有甚麼重要性？**

A. 「一國兩制」可作為經濟改革試金石

B. 方便中英雙方向聯合國交代

C. 可作為兩岸三通的樣板

D. 可以保持香港特別行政區的繁榮和穩定

2. **從香港特別行政區境內土地和自然資源所獲得的收入，全數歸哪個機構支配？**

A. 行政會議

B. 立法會

C. 香港金融管理局

D. 香港特別行政區政府

3. **《基本法》第二十一條提到，根據全國人民代表大會確定的名額和代表產生辦法，由香港特別行政區居民中的__________在香港選出香港特別行政區的全國人民代表大會代表，參加最高國家權力機關的工作。**

A. 中國公民

B. 非永久性居民

C. 永久性居民

D. 非中國籍的人

4. **下列哪些香港特別行政區的事務由中央人民政府負責？**

A. 財政及外交事務

B. 財政和防務

C. 外交事務及防務

D. 外交事務及行政

5. **根據《基本法》的規定，香港特別行政區享有下列哪些權力？**

(i) **立法權**

(ii) **軍事權**

(iii) **獨立的司法權和終審權**

A. (i),(ii)

B. (i),(iii)

C. (ii),(iii)

D. (i),(ii),(iii)

6. **根據《基本法》第三十五條，在司法方面，香港居民可以享有哪些權利？**

(i) **得到秘密法律諮詢**

(ii) **向法院提起訴訟**

(iii) **依照法律程序對其他人的通訊進行檢查**

(iv) **選擇律師及時保護自己的合法權益**

A. (i),(ii),(iii)

B. (i),(ii),(iv)

C. (ii),(iii),(iv)

D. (i),(ii),(iii),(iv)

7. **根據《基本法》第二十七條，香港居民享有下列哪些自由？**

   (i) **絕食**

   (ii) **集會**

   (iii) **遊行**

   (iv) **示威**

   A. (i),(ii),(iii)

   B. (i),(ii),(iv)

   C. (ii),(iii),(iv)

   D. (i),(ii),(iii),(iv)

8. **香港特別行政區立法會通過的法案，須經誰簽署、公佈，方能生效？**

   A. 立法會主席

   B. 終審法院首席法官

   C. 行政長官

   D. 行政會議召集人

9. 根據《基本法》第二十二條，下列哪些機構/ 組織不得干預香港特別行政區根據《基本法》自行管理的事務？

(i) 中央人民政府所屬各部門

(ii) 各省

(iii) 各自治區

(iv) 各直轄市

A. (i),(ii),(iii)

B. (i),(ii),(iv)

C. (i),(iii),(iv)

D. (i),(ii),(iii),(iv)

10. 香港特別行政區政府可參照原在香港實行的辦法，作出有關當地和外來的律師在香港特別行政區____________的規定。

(i) 工作

(ii) 執業

(iii) 審訊

A. (i),(ii)

B. (i),(iii)

C. (ii),(iii)

D. (i),(ii),(iii)

11. **任何列入《基本法》附件三的法律，限於哪幾類？**

(i) **有關國防的法律**

(ii) **有關外交的法律**

(iii) **有關禁止分裂國家的行為的法律**

(iv) **其他按《基本法》規定不屬於香港特別行政區自治範圍的法律**

A. (i),(ii),(iii)

B. (i),(ii),(iv)

C. (ii),(iii),(iv)

D. (i),(ii),(iii),(iv)

12. **外國軍用船隻進入香港特別行政區**____________。

A. 須經香港特別行政區政府海事處許可

B. 須經香港特別行政區行政長官許可

C. 須經中央人民政府特別許可

D. 不須任何申請與申報

13. 香港特別行政區的＿＿＿＿＿＿等方面的民間團體和宗教組織同內地相應的團體和組織的關係，應以互不隸屬、互不干涉和互相尊重的原則為基礎。

(i) 教育

(ii) 科學

(iii) 技術

(iv) 專業

A. (i),(ii),(iii)

B. (i),(iii),(iv)

C. (ii),(iii),(iv)

D. (i),(ii),(iii),(iv)

14. 根據《基本法》第一百五十二條，香港特別行政區政府可派遣代表作為中華人民共和國代表團的成員或以中央人民政府和相關的國際組織或國際會議允許的身份，參加下列哪些國際組織和國際會議？

(i) 以地區為單位參加的、同香港特別行政區有關的、適當領域的

(ii) 以國家為單位參加的、同香港特別行政區有關的、適當領域的

(iii) 同香港特別行政區有關的、適當領域的

(iv) 適當領域的

A. (i)

B. (ii)

C. (iii)

D. (iv)

15. 根據《基本法》附件一，選舉委員會各個界別的劃分，以及每個界別中何種組織可以產生選舉委員的名額，由香港特別行政區根據甚麼原則制定選舉法加以規定？

(i) 民主

(ii) 平等

(iii) 開放

A. (i),(ii)

B. (i),(iii)

C. (ii),(iii)

D. (i),(ii),(iii)

16. 香港特別行政區任何機構、組織和個人行使____________，不得違背香港特別行政區基本法第 1 條和第 12 條的規定。

a. 權利

b. 福利

c. 義務

d. 自由

A. a

B. a、c

C. a、d

D. d

17. 為外國或者境外機構、組織、人員____________涉及國家安全的國家秘密或者情報的，均屬犯罪。

A. 竊取、刺探、非法刪除

B. 竊取、攻擊、非法刪除

C. 竊取、刺探、公開、非法刪除

D. 竊取、刺探、收買、非法提供

18. 香港特別行政區行政長官應當就香港特別行政區維護國家安全事務向誰負責，並就香港特別行政區履行維護國家安全職責的情況提交報告？

A. 終審法院

B. 香港特別行政區立法會

C. 中國人民政治協商會議全國委員會

D. 中央人民政府

19. 以下哪項最準確描述制定《中華人民共和國香港特別行政區維護國家安全法》的法律依據？

A. 《中華人民共和國憲法》、《中華人民共和國香港特別行政區基本法》和《中華人民共和國刑法》

B. 《中華人民共和國憲法》和《中華人民共和國香港特別行政區基本法》

C. 《中華人民共和國憲法》、《中華人民共和國香港特別行政區基本法》和《全國人民代表大會關於建立健全香港特別行政區維護國家安全的法律制度和執行機制的決定》

D. 《全國人民代表大會關於建立健全香港特別行政區維護國家安全的法律制度和執行機制的決定》、《中華人民共和國刑法》和《中華人民共和國國家安全法》

20. 任何人煽動、協助、____________ 實施國安法第 20 條規定的犯罪的，即屬犯罪。情節嚴重者，處五年以上、十年以下有期徒刑；情節較輕者，處五年以下有期徒刑、拘役或管制。

A. 教唆他人

B. 以金錢或其他財物資助他人

C. 以專業技術或金錢資助他人

D. 教唆、以金錢或其他財物資助他人

—全卷完—

CRE-BLNST

文化會社出版社 **CULTURE CROSS LIMITED**

答題紙 ANSWER SHEET

請在此貼上電腦條碼
Please stick the barcode label here

(1) 考生編號 Candidate No.

(2) 考生姓名 Name of Candidate

(3) 考生簽署 Signature of Candidate

宜用H.B.鉛筆作答
You are advised to use H.B. Pencils

考生須依照下圖
所示填畫答案：

23 A B C D E

錯填答案可使用潔
淨膠擦將筆痕徹底
擦去。
切勿摺皺此答題紙

Mark your answer
as follows:

23 A B C D E

Wrong marks
should be
completely erased
with a clean rubber.

DO NOT FOLD THIS
SHEET

1	A	B	C	D	E	21	A	B	C	D	E
2	A	B	C	D	E	22	A	B	C	D	E
3	A	B	C	D	E	23	A	B	C	D	E
4	A	B	C	D	E	24	A	B	C	D	E
5	A	B	C	D	E	25	A	B	C	D	E
6	A	B	C	D	E	26	A	B	C	D	E
7	A	B	C	D	E	27	A	B	C	D	E
8	A	B	C	D	E	28	A	B	C	D	E
9	A	B	C	D	E	29	A	B	C	D	E
10	A	B	C	D	E	30	A	B	C	D	E
11	A	B	C	D	E	31	A	B	C	D	E
12	A	B	C	D	E	32	A	B	C	D	E
13	A	B	C	D	E	33	A	B	C	D	E
14	A	B	C	D	E	34	A	B	C	D	E
15	A	B	C	D	E	35	A	B	C	D	E
16	A	B	C	D	E	36	A	B	C	D	E
17	A	B	C	D	E	37	A	B	C	D	E
18	A	B	C	D	E	38	A	B	C	D	E
19	A	B	C	D	E	39	A	B	C	D	E
20	A	B	C	D	E	40	A	B	C	D	E

文化會社出版社
投考公務員 模擬試題王

基本法及國安法測試
模擬試卷（十四）

時間：三十分鐘

考生須知：

(一) 細讀答題紙上的指示。宣布開考後，考生須首先於適當位置貼上電腦條碼及填上各項所需資料。宣布停筆後，考生不會獲得額外時間貼上電腦條碼。

(二) 試場主任宣布開卷後，考生請檢查試題冊及確定試題冊內共20條試題。第20條後會有「**全卷完**」的字眼。

(三) 本試卷各題佔分相等。

(四) **本試卷全部試題均須回答**。為便於修正答案，考生宜用HB鉛筆把答案填畫在答題紙上。錯誤答案可用潔淨膠擦將筆痕徹底擦去。考生須清楚填畫答案，否則會因答案未能被辨認而失分。

(五) 每題只可填畫**一個**答案。如填劃超過一個答案，該題將**不獲評分**。

(六) 答案錯誤，不另扣分。

(七) 未經許可，請勿打開試題冊。

CC-CRE-BLNST

1. 根據《基本法》第五十六條，行政長官在下列哪些情況發生前須徵詢行政會議的意見？

(i) 作出重要決策

(ii) 向立法會提交法案

(iii) 解散立法會

(iv) 人事任免

A. (i),(ii),(iii)

B. (i),(iii),(iv)

C. (ii),(iii),(iv)

D. (i),(ii),(iii),(iv)

2. 根據《基本法》，香港特別行政區居民中的中國公民可以如何依法參與國家事務的管理？

(i) 選出香港特別行政區基本法委員會的委員

(ii) 選出中國人民政治協商會議全國委員會的香港委員

(iii) 選出香港特別行政區的全國人民代表大會代表

A. (i)

B. (ii)

C. (iii)

D. (i),(ii),(iii)

3. **香港特別行政區的對外事務，由哪個機關授權香港特別行政區依照《基本法》自行處理？**

A. 中央人民政府

B. 全國人民代表大會

C. 中國人民政治協商會議

D. 最高人民法院

4. **根據《基本法》第二十三條，香港特別行政區政府應自行立法 84 禁止下列哪些行為？**

(i) 叛國

(ii) 分裂國家

(iii) 煽動叛亂

(iv) 竊取國家機密

A. (i),(ii),(iii)

B. (i),(ii),(iv)

C. (ii),(iii),(iv)

D. (i),(ii),(iii),(iv)

5. **中央人民政府派駐香港的軍隊的駐軍費用由____________負擔。**

A. 香港特別行政區政府

B. 中央人民政府與香港特別行政區政府

C. 中國人民解放軍駐香港部隊

D. 中央人民政府

6. 根據《基本法》，香港居民在法律方面享有下列哪些權益？

(i) 在法律面前一律平等

(ii) 得到秘密法律諮詢

(iii) 向法院提起訴訟

A. (i),(ii)

B. (i),(iii)

C. (ii),(iii)

D. (i),(ii),(iii)

7. 根據《基本法》，下列哪項關於香港居民的婚姻自由和生育權利的論述是正確的？

(i) 香港居民自願生育的權利受法律保護

(ii) 香港居民選擇胎兒性別的權利受法律保護

(iii) 香港居民的婚姻自由受法律保護

A. (i),(ii)

B. (i),(iii)

C. (ii),(iii)

D. (i),(ii),(iii)

8. **《基本法》第一百三十二條第一款規定，凡涉及中華人民共和國其他地區同其他國家和地區的往返並經停香港特別行政區的航班，和涉及香港特別行政區同其他國家和地區的往返並經停中華人民共和國其他地區航班的民用航空運輸協定，由中央人民政府簽訂。中央人民政府在同外國政府商談有關的安排時，香港特別行政區政府的代表可如何參與？**

   A. 以單獨身份派代表參加

   B. 作為中華人民共和國政府代表團的成員參加

   C. 以觀察員身份參加

   D. 不可參加

9. **根據《基本法》第八十七條，任何人在被合法拘捕後，享有甚麼權利？**

   A. 盡早接受司法機關公正審判

   B. 自由出入境

   C. 上訴

   D. 取得免費法律意見

10. **行政長官可以委任哪些人為香港特別行政區行政會議的成員？**

(i) **行政機關的主要官員**

(ii) **立法會議員**

(iii) **終審法院法官**

(iv) **社會人士**

A. (i),(ii),(iii)

B. (i),(ii),(iv)

C. (ii),(iii),(iv)

D. (i),(ii),(iii),(iv)

11. **香港特別行政區行政長官依照《基本法》的規定對哪個機關負責？**

A. 全國人民代表大會和香港特別行政區

B. 中央人民政府和香港特別行政區

C. 全國人民代表大會和香港特別行政區立法會

D. 中央人民政府和香港特別行政區終審法院

12. 根據《基本法》第一百一十二條，下列哪些香港特別行政區的市場繼續開放？

(i) 外匯

(ii) 黃金

(iii) 期貨

(iv) 石油

A. (i),(ii),(iii)

B. (i),(iii),(iv)

C. (ii),(iii),(iv)

D. (i),(ii),(iii),(iv)

13. 根據《基本法》第一百四十一條，香港特別行政區的宗教組織可按原有辦法繼續興辦甚麼？

(i) 宗教院校、其他學校

(ii) 醫院

(iii) 福利機構

A. (i),(ii)

B. (i),(iii)

C. (ii),(iii)

D. (i),(ii),(iii)

14. **根據《基本法》的規定，社會團體和私人可依法在香港特別行政區＿＿＿＿＿＿＿＿。**

(i) **興辦各種教育事業**

(ii) **確定適用於香港的各類科學、技術標準和規格**

(iii) **提供各種醫療衛生服務**

A. (i),(ii)

B. (i),(iii)

C. (ii),(iii)

D. (i),(ii),(iii)

15. **香港特別行政區可以甚麼名義參加不以國家為單位參加的國際組織和國際會議？**

A. 中國香港特區

B. 中國香港

C. 香港特別行政區

D. 中華人民共和國香港

16. **香港特別行政區設立維護國家安全委員會，負責香港特別行政區維護國家安全事務，承擔維護國家安全的主要責任，並接受＿＿＿＿＿＿＿＿的監督和問責。**

A. 香港特別行政區行政會議

B. 全國人民代表大會

C. 中國人民政治協商會議全國委員會

D. 中央人民政府

17. 根據《中華人民共和國香港特別行政區維護國家安全法》第 2 條，香港特別行政區任何機構、組織和個人在行使權利和自由時，__________。

A. 不得違背有關香港特別行政區是中華人民共和國不可分離的部分的規定

B. 不必尊重他人權利和自由

C. 不可基於客觀事實批評香港特區政府的政策

D. 不受任何限制或約束

18. 香港特別行政區任何機構、組織和個人行使__________，不得違背香港特別行政區基本法第 1 條和第 12 條的規定。

A. 權利和自由

B. 基本人權

C. 公民權利

D. 人身自由

19. 港區國安法指出應堅持法治原則以達成下列哪些目標？

a. 防範危害國家安全犯罪

b. 制止危害國家安全犯罪

c. 懲治危害國家安全犯罪

A. a、b

B. a、b、c

C. a、c

D. b、c

20. 香港特別行政區行政機關、立法機關、司法機關應當依據本法和其他有關法律規定有效____________危害國家安全的行為和活動。

a. 解決

b. 懲治

c. 制止

d. 防範

A. a、b

B. b、c

C. b、c、d

D. c、d

—全卷完—

CRE-BLNST

文化會社出版社 **CULTURE CROSS LIMITED**

答題紙 ANSWER SHEET

請在此貼上電腦條碼
Please stick the barcode label here

(1) 考生編號 Candidate No.

(2) 考生姓名 Name of Candidate

(3) 考生簽署 Signature of Candidate

宜用H.B.鉛筆作答
You are advised to use H.B. Pencils

考生須依照下圖所示填畫答案：

23 A B C D E

錯填答案可使用潔淨膠擦將筆痕徹底擦去。
切勿摺皺此答題紙

Mark your answer as follows:

23 A B C D E

Wrong marks should be completely erased with a clean rubber.

DO NOT FOLD THIS SHEET

1	A	B	C	D	E	21	A	B	C	D	E
2	A	B	C	D	E	22	A	B	C	D	E
3	A	B	C	D	E	23	A	B	C	D	E
4	A	B	C	D	E	24	A	B	C	D	E
5	A	B	C	D	E	25	A	B	C	D	E
6	A	B	C	D	E	26	A	B	C	D	E
7	A	B	C	D	E	27	A	B	C	D	E
8	A	B	C	D	E	28	A	B	C	D	E
9	A	B	C	D	E	29	A	B	C	D	E
10	A	B	C	D	E	30	A	B	C	D	E
11	A	B	C	D	E	31	A	B	C	D	E
12	A	B	C	D	E	32	A	B	C	D	E
13	A	B	C	D	E	33	A	B	C	D	E
14	A	B	C	D	E	34	A	B	C	D	E
15	A	B	C	D	E	35	A	B	C	D	E
16	A	B	C	D	E	36	A	B	C	D	E
17	A	B	C	D	E	37	A	B	C	D	E
18	A	B	C	D	E	38	A	B	C	D	E
19	A	B	C	D	E	39	A	B	C	D	E
20	A	B	C	D	E	40	A	B	C	D	E

文化會社出版社
投考公務員 模擬試題王

基本法及國安法測試
模擬試卷（十五）

時間：三十分鐘

考生須知：

(一) 細讀答題紙上的指示。宣布開考後，考生須首先於適當位置貼上電腦條碼及填上各項所需資料。宣布停筆後，考生不會獲得額外時間貼上電腦條碼。

(二) 試場主任宣布開卷後，考生請檢查試題冊及確定試題冊內共20條試題。第20條後會有「**全卷完**」的字眼。

(三) 本試卷各題佔分相等。

(四) **本試卷全部試題均須回答**。為便於修正答案，考生宜用HB鉛筆把答案填畫在答題紙上。錯誤答案可用潔淨膠擦將筆痕徹底擦去。考生須清楚填畫答案，否則會因答案未能被辨認而失分。

(五) 每題只可填畫**一個**答案。如填劃超過一個答案，該題將**不獲評分**。

(六) 答案錯誤，不另扣分。

(七) 未經許可，請勿打開試題冊。

CC-CRE-BLNST

1. 根據《基本法》，香港特別行政區立法會議員如有下列哪些情況，由立法會主席宣告其喪失立法會議員的資格？

(i) 因嚴重疾病或其他情況無力履行職務

(ii) 連續三個月不出席會議

(iii) 喪失或放棄香港特別行政區永久性居民的身份

(iv) 接受政府的委任而出任公務人員

A. (i),(ii),(iii)

B. (i),(iii),(iv)

C. (ii),(iii),(iv)

D. (i),(ii),(iii),(iv)

2. 香港原有法律包括下列哪幾項？

(i) 普通法

(ii) 條例

(iii) 衡平法

(iv) 附屬立法

(v) 習慣法

A. (i),(ii),(iii),(iv)

B. (i),(iii),(iv),(v)

C. (ii),(iii),(iv),(v)

D. (i),(ii),(iii),(iv),(v)

3. **根據《基本法》第二十三條，香港特別行政區政府應__________禁止任何叛國、分裂國家、煽動叛亂、顛覆中央人民政府及竊取國家機密的行為，禁止外國的政治性組織或團體在香港特別行政區進行政治活動，禁止香港特別行政區的政治性組織或團體與外國的政治性組織或團體建立聯繫。**

   A. 儘快立法
   B. 自行立法
   C. 徵詢終審法院後立法
   D. 徵詢中央人民政府後立法

4. **根據《基本法》，香港特別行政區政府在必要時，可向__________請求駐軍協助維持社會治安和救助災害。**

   A. 中國人民政治協商會議
   B. 中央人民政府
   C. 全國人民代表大會
   D. 最高人民法院

5. **根據《基本法》，香港特別行政區享有__________，依照《基本法》的有關規定自行處理香港特別行政區的行政事務。**

   A. 行政自主權
   B. 行政管理權
   C. 行政獨立權
   D. 行政豁免權

6. **根據《基本法》第三十六條，以下哪些香港居民的權利受到法律保護？**

(i) **勞工的退休保障**

(ii) **勞工的福利待遇**

(iii) **勞工的晉升機會**

A. (i),(ii)

B. (i),(iii)

C. (ii),(iii)

D. (i),(ii),(iii)

7. **根據《基本法》第三十四條，香港居民享有下列哪些自由？**

(i) **進行學術研究**

(ii) **進行文學藝術創作**

(iii) **進行其他文化活動**

A. (i),(ii)

B. (i),(iii)

C. (ii),(iii)

D. (i),(ii),(iii)

8. **根據《基本法》第四十七條規定，行政長官就任時應向誰申報財產，記錄在案？**

A. 立法會主席

B. 審計署署長

C. 廉政專員

D. 終審法院首席法官

9. **《基本法》內沒有明確要求以下哪一名官員須由在外國無居留權的香港特別行政區永久性居民中的中國公民擔任？**

A. 審計署署長

B. 海關關長

C. 消防處處長

D. 廉政專員

10. **在香港特別行政區政府各部門任職的公務人員必須是**

A. 香港特別行政區居民

B. 香港特別行政區永久性居民

C. 香港特別行政區永久性居民中的中國公民

D. 在外國無居留權的香港特別行政區永久性居民中的中國公民

11. **根據《基本法》第八十七條，下列哪一項是正確的？任何人在被合法拘捕後，未經司法機關判罪之前，**

A. 均假定無辜

B. 均假定無罪

C. 均假定無知

D. 均假定無犯罪動機

12. 在稅收方面，香港特別行政區自行立法規定______________。

(i) 稅種

(ii) 稅率

(iii) 稅收寬免

(iv) 上繳中央的稅收

A. (i),(ii),(iii)

B. (i),(iii),(iv)

C. (ii),(iii),(iv)

D. (i),(ii),(iii),(iv)

13. 根據《基本法》第一百四十八條，香港特別行政區的______________等方面的民間團體和宗教組織同內地相應的團體和組織的關係，應以互不隸屬、互不干涉和互相尊重的原則為基礎？

(i) 勞工

(ii) 社會福利

(iii) 社會工作

(iv) 治安

A. (i),(ii),(iii)

B. (i),(iii),(iv)

C. (ii),(iii),(iv)

D. (i),(ii),(iii),(iv)

14. 回歸後，香港的各類科學、技術標準和規格怎樣制定？

A. 由香港特別行政區政府自行確定

B. 由中央人民政府確定

C. 由香港特別行政區政府和中央人民政府共同協商後再確定

D. 由相關科學、技術團體提出，經中央人民政府審批後確定

15. 中華人民共和國尚未參加但在回歸前已適用於香港的國際協議會如何處理？

A. 可繼續適用於香港

B. 會自動失效

C. 在中華人民共和國參加後適用於香港

D. 香港需重新參加

16. 警務處維護國家安全部門負責人在就職時應當宣誓擁護中華人民共和國香港特別行政區基本法，效忠中華人民共和國香港特別行政區，遵守法律，保守秘密。

請問警務處維護國家安全部門負責人由誰任命？

A. 警務處處長

B. 行政長官

C. 國務院

D. 中央人民政府

17. 符合下列條件的案件，可由香港特別行政區維護國家安全公署行使管轄權，除了下列哪項？

A. 出現國家安全面臨重大現實威脅的情況的

B. 涉案人員持有外國護照

C. 案件涉及外國或者境外勢力介入的複雜情況，香港特別行政區管轄確有困難的

D. 出現香港特別行政區政府無法有效執行本法的嚴重情況的

18. 犯罪的行為或者結果有一項發生在香港特別行政區內的，就認為是在香港特別行政區內犯罪。包括下列哪項：

a. **在香港特別行政區註冊的船舶**

b. **在香港特別行政區註冊的航空器**

c. **在香港特別行政區註冊的高鐵列車**

A. a、b

B. a、b、c

C. a、c

D. b、c

19. 公司、團體等法人或非法人組織因犯國安法規定的罪行受到刑事處罰的，應責令其 ______ 。

A. 吊銷其執照或者營業許可證

B. 結束營運

C. 暫停運作或者吊銷其執照或者營業許可證

D. 凍結所有資金

20. 根據《港區國安法》第 3 章第 3 節，宣揚恐怖主義、煽動實施恐怖活動的，即屬犯罪。情節嚴重的，處（a）＿＿＿＿＿＿＿年以上(b)＿＿＿＿＿＿＿年以下有期徒刑，並處罰金或沒收財產。

A. a. 三；b. 七

B. a. 三；b. 十

C. a. 五；b. 十

D. a. 五；b. 二十

—全卷完—

CRE-BLNST

文化會社出版社 **CULTURE CROSS LIMITED**

答題紙 ANSWER SHEET

請在此貼上電腦條碼
Please stick the barcode label here

(1) 考生編號 Candidate No.

(2) 考生姓名 Name of Candidate

(3) 考生簽署 Signature of Candidate

宜用H.B.鉛筆作答
You are advised to use H.B. Pencils

考生須依照下圖所示填畫答案：

23 A B C D E

錯填答案可使用潔淨膠擦將筆痕徹底擦去。
切勿摺皺此答題紙

Mark your answer as follows:

23 A B C D E

Wrong marks should be completely erased with a clean rubber.

DO NOT FOLD THIS SHEET

1	A	B	C	D	E	21	A	B	C	D	E
2	A	B	C	D	E	22	A	B	C	D	E
3	A	B	C	D	E	23	A	B	C	D	E
4	A	B	C	D	E	24	A	B	C	D	E
5	A	B	C	D	E	25	A	B	C	D	E
6	A	B	C	D	E	26	A	B	C	D	E
7	A	B	C	D	E	27	A	B	C	D	E
8	A	B	C	D	E	28	A	B	C	D	E
9	A	B	C	D	E	29	A	B	C	D	E
10	A	B	C	D	E	30	A	B	C	D	E
11	A	B	C	D	E	31	A	B	C	D	E
12	A	B	C	D	E	32	A	B	C	D	E
13	A	B	C	D	E	33	A	B	C	D	E
14	A	B	C	D	E	34	A	B	C	D	E
15	A	B	C	D	E	35	A	B	C	D	E
16	A	B	C	D	E	36	A	B	C	D	E
17	A	B	C	D	E	37	A	B	C	D	E
18	A	B	C	D	E	38	A	B	C	D	E
19	A	B	C	D	E	39	A	B	C	D	E
20	A	B	C	D	E	40	A	B	C	D	E

文化會社出版社
投考公務員 模擬試題王

基本法及國安法測試
模擬試卷（十六）

時間：三十分鐘

考生須知：

（一） 細讀答題紙上的指示。宣布開考後，考生須首先於適當位置貼上電腦條碼及填上各項所需資料。宣布停筆後，考生不會獲得額外時間貼上電腦條碼。

（二） 試場主任宣布開卷後，考生請檢查試題冊及確定試題冊內共20條試題。第20條後會有「**全卷完**」的字眼。

（三） 本試卷各題佔分相等。

（四） **本試卷全部試題均須回答**。為便於修正答案，考生宜用HB鉛筆把答案填畫在答題紙上。錯誤答案可用潔淨膠擦將筆痕徹底擦去。考生須清楚填畫答案，否則會因答案未能被辨認而失分。

（五） 每題只可填畫**一個**答案。如填劃超過一個答案，該題將**不獲評分**。

（六） 答案錯誤，不另扣分。

（七） 未經許可，請勿打開試題冊。

CC-CRE-BLNST

1. **香港特別行政區的制度和有關政策，均以哪一份文件的規定為依據？**

A. 《中華人民共和國憲法》

B. 《香港人權法案條例》

C. 《中華人民共和國香港特別行政區基本法》

D. 《中華人民共和國政府和大不列顛及北愛爾蘭聯合王國政府關於香港問題的聯合聲明》

2. **根據《基本法》，香港特別行政區境內的土地和自然資源可以由香港特別行政區政府負責批給下列哪些單位使用或開發？**

(i) **個人**

(ii) **法人**

(iii) **團體**

A. (i),(ii)

B. (i),(iii)

C. (ii),(iii)

D. (i),(ii),(iii)

3. **根據《基本法》第十九條，香港特別行政區法院對______________等國家行為無管轄權。**

A. 土地契約、國防

B. 關稅、外交

C. 國防、外交

D. 機場管理、國防

4. 根據《基本法》，以下哪些是只有香港特別行政區永久性居民可依法享有而非永久性居民是不能享有的？

(i) 居留權

(ii) 選舉權

(iii) 對行政部門和行政人員的行為向法院提起訴訟

(iv) 被選舉權

A. (i),(ii),(iii)

B. (i),(ii),(iv)

C. (i),(iii),(iv)

D. (i),(ii),(iii),(iv)

5. 香港特別行政區居民，簡稱香港居民，包括：

(i) 永久性居民

(ii) 半永久性居民

(iii) 非永久性居民

A. (i)

B. (i),(ii)

C. (i),(iii)

D. (ii),(iii)

6. **根據《基本法》第四十五條，行政長官產生的具體辦法由甚麼規定？**

A. 《中華人民共和國憲法》

B. 香港特別行政區基本法委員會

C. 《基本法》附件一《香港特別行政區行政長官的產生辦法》

D. 香港特別行政區終審法院

7. **行政長官的產生辦法根據香港特別行政區的實際情況和____________的原則而規定，最終達至由一個有廣泛代表性的提名委員會按民主程序提名後普選產生的目標。**

A. 普及而平等

B. 公平和法治

C. 廣泛民意基礎

D. 循序漸進

8. **除招聘、僱用和考核制度外，下列原有關於公務人員的制度，《基本法》也予以保留，包括：**

(i) **紀律**

(ii) **培訓**

(iii) **管理**

A. (i),(ii)

B. (i),(iii)

C. (ii),(iii)

D. (i),(ii),(iii)

9. **根據《基本法》，在甚麼情況下香港特別行政區行政長官必須辭職？**

A. 中央人民政府覺得其領導不力

B. 因嚴重疾病或其他原因無力履行職務

C. 百分之五十市民向立法會提出對行政長官的彈劾

D. 行政長官在任期內本地生產總值連續三年下降

10. **根據《基本法》第一百二十三條的規定，香港特別行政區成立以後滿期而沒有續期權利的土地契約，應如何處理？**

A. 由中央人民政府按需要處理

B. 由香港特別行政區自行制定法律和政策處理

C. 由終審法院按普通法原則處理

D. 由發展局成立專案小組處理

11. **香港特別行政區立法機關制定的任何法律，均不得同《基本法》____________。**

A. 相同

B. 相抵觸

C. 相似

D. 不相似

12. 根據《基本法》的規定，香港特別行政區政府可自行制定甚麼政策？

(i) 發展中西醫藥和促進醫療衛生服務的政策

(ii) 科學技術政策

(iii) 文化政策

A. (i),(ii)

B. (i),(iii)

C. (ii),(iii)

D. (i),(ii),(iii)

13. 香港特別行政區的教育、科學、技術、文化、藝術、體育、專業、醫療衛生、勞工、社會福利、社會工作等方面的民間團體和宗教組織可根據需要冠用甚麼的名義，參與同世界各國、各地區及國際的有關團體和組織的有關活動？

A. 中國香港特區

B. 中國香港

C. 香港特別行政區

D. 中華人民共和國香港

14. 根據《基本法》第一百五十一條，香港特別行政區可在下列哪些領域，以「中國香港」的名義，單獨地同世界各國、各地區及有關國際組織保持和發展關係，簽訂和履行有關協議？

(i) 通訊

(ii) 防務

(iii) 旅遊

(iv) 體育

A. (i),(ii),(iii)

B. (i),(iii),(iv)

C. (ii),(iii),(iv)

D. (i),(ii),(iii),(iv)

15. 香港特別行政區政府可對下列哪些出入境事宜進行管制？

(i) 入境

(ii) 逗留

(iii) 離境

A. (i),(ii)

B. (i),(iii)

C. (ii),(iii)

D. (i),(ii),(iii)

16. 任何人組織、策劃、實施或者參與實施旨在分裂國家、破壞國家統一行為，不論是否使用武力或者以武力相威脅。下列哪項是包括的行為？

    a. 將香港特別行政區或者中華人民共和國其他任何部分從中華人民共和國分離出去。

    b. 非法改變香港特別行政區或者中華人民共和國其他任何部分的法律地位。

    c. 將香港特別行政區或者中華人民共和國其他任何部分轉歸外國統治。

    A. a

    B. a、b

    C. a、b、c

    D. b、c

17. 香港特別行政區律政司設立專門的＿＿＿＿＿＿，負責危害國家安全犯罪案件的檢控工作和其他相關法律事務。該部門檢控官由律政司長徵得香港特別行政區維護國家安全委員會同意後任命。

    A. 國家安全法律研究部

    B. 國家安全相關事務的行政部門

    C. 國家安全犯罪案件審核部門

    D. 國家安全犯罪案件檢控部門

18. **根據《港區國安法》第 3 條，＿＿＿＿＿＿＿對香港特別行政區有關的國家安全事務負有根本責任。**

A. 特區政府

B. 中央人民政府

C. 國務院

D. 行政長官

19. **香港特別行政區設立＿＿＿＿＿＿＿，負責香港特別行政區維護國家安全事務，承擔維護國家安全的主要責任，並接受中央人民政府的監督和問責。**

A. 國家安全處

B. 維護國家安全委員會

C. 國家安全部

D. 國安部門

20. **中華人民共和國香港特別行政區維護國家安全法解釋權屬於＿＿＿＿＿＿＿。**

A. 香港終審法院

B. 中國人民政治協商會議全國委員會

C. 全國人民代表大會常務委員會

D. 香港特別行政區立法會主席

—全卷完—

基本法及國安法測試

模擬試卷答案

BLNST Mock Papers (Answer)

模擬試卷（一）答案：

1. D
2. D
3. A
4. D
5. A
6. D
7. B
8. B
9. B
10. A
11. A
12. A
13. D
14. C
15. A

16. A

經行政長官批准，香港特別行政區政府財政司長應當從政府一般收入中撥出專門款項支付關於維護國家安全的開支並核准所涉及的人員編制，不受香港特別行政區現行有關法律規定的限制。財政司長須每年就該款項的控制和管理向立法會提交報告。(《港區國安法》第 19 條)

17. C

香港特別行政區政府警務處維護國家安全部門辦理危害國家安全犯罪案件時，可以採取香港特別行政區現行法律准予警方等執法部門在調查嚴重犯罪案件時採取的各種措施，並可以採取以下措施：

(一) 搜查可能存有犯罪證據的處所、車輛、船隻、航空器 以及其他有關地方和電子設備；(二) 要求涉嫌實施危害國家安全犯罪行為的人員交出旅行證件或者限制其離境；(三) 對用於或者意圖用於犯罪的財產、因犯罪所得的收益等與犯罪相關的財產，予以凍結，申請限制令、押記令、沒收令以及充公；(四) 要求信息發佈人或者有關服務商移除信息或者提供協助；(五) 要求外國及境外政治性組織，外國及境外當局或者政治性組織的代理人提供資料；(六) 經行政長官批准，對有合理理由懷疑涉及實施危害國家安全犯罪的人員進行截取通訊和秘密監察；(七) 對有合理理由懷疑擁有與偵查有關的資料或者管有有關物料的人員，要求其回答問題和提交資料或者物料。

香港特別行政區維護國家安全委員會對警務處維護國家安全部門等執法機構採取本條第一款規定措施負有監督責任。

授權香港特別行政區行政長官會同香港特別行政區維護國家安全委員會為採取本條第一款規定措施制定相關實施細則。(《港區國安法》第43條)

18. A

防範、制止和懲治危害國家安全犯罪，應當堅持法治原則。法律規定為犯罪行為的，依照法律定罪處刑；法律沒有規定為犯罪行為的，不得定罪處刑。任何人未經司法機關判罪之前均假定無罪。保障犯罪嫌疑人、被告人和其他訴訟參與人依法享有的辯護權和其他訴訟權利。任何人已經司法程序被最終確定有罪或者宣告無罪的，不得就同一行為再予審判或者懲罰。(《港區國安法》第5條)

19. D

任何人在香港特別行政區內實施本法規定的犯罪的，適用本法。犯罪的行為或者結果有一項發生在香港特別行政區內的，就認為是在香港特別行政區內犯罪。在香港特別行政區註冊的船舶或者航空器內實施本法規定的犯罪的，也適用本法。(《港區國安法》第36條)

20. B

除本法另有規定外，裁判法院、區域法院、高等法院和終審法院應當按照香港特別行政區的其他法律處理就危害國家安全犯罪案件提起的刑事檢控程序。(《港區國安法》第45條)

模擬試卷（二）答案：

1. C	6. B	11. C
2. B	7. C	12. C
3. C	8. B	13. A
4. C	9. B	14. D
5. D	10. A	15. A

16. B

香港特別行政區政府警務處設立維護國家安全的部門，配備執法力量。

警務處維護國家安全部門負責人由行政長官任命，行政長官任命前須書面徵求本法第 48 條規定的機構的意見。警務處維護國家安全部門負責人在就職時應當宣誓擁護中華人民共和國香港特別行政區基本法，效忠中華人民共和國香港特別行政區，遵守法律，保守秘密。

警務處維護國家安全部門可以從香港特別行政區以外聘請合格的專門人員和技術人員，協助執行維護國家安全相關任務。（《港區國安法》第 16 條）

17. B

對高等法院原訟法庭進行的就危害國家安全犯罪案件提起的刑事檢控程序，律政司長可基於保護國家秘密、案件具有涉外因素或者保障陪審員及其家人的人身安全等理由，發出證書指示相關訴訟毋須在有陪審團的情況下進行審理。凡律政司長發出上述證書，高等法院原訟法庭應當在沒有陪審團的情況下進行審理，並由三名法官組成審判庭。

凡律政司長發出前款規定的證書，適用於相關訴訟的香港特別行政區任何法律條文關於「陪審團」或「陪審團的裁決」，均應當理解為指法官或者法官作為事實裁斷者的職能。（《港區國安法》第 46 條）

18. A

香港特別行政區行政長官應當從裁判官、區域法院法官、高等法院原訟法庭法官、上訴法庭法官以及終審法院法官中指定若干名法官，也可從暫委或者特委法官中指定若干名法官，負責處理危害國家安全犯罪案件。行政長官在指定法官前可徵詢香 港特別行政區維護國家安全委員會和終審法院首席法官的意見。上述指定法官任期一年。

凡有危害國家安全言行的，不得被指定為審理危害國家安全犯罪案件的法官。在獲任指定法官期間，如有危害國家安全言行的，終止其指定法官資格。

在裁判法院、區域法院、高等法院和終審法院就危害國家安全犯罪案件提起的刑事檢控程序應當分別由各該法院的指定法官處理。(《港區國安法》第 44 條)

19. B

香港特別行政區適用本法時，本法規定的「有期徒刑」、「無期徒刑」、「沒收財產」和「罰金」分別指「監禁」、「終身監禁」、「充公犯罪所得」和「罰款」，「拘役」參照適用香港特別行政區相關法律規定的「監禁」、「入勞役中心」、「入教導所」，「管制」參照適用香港特別行政區相關法律規定的「社會服務令」、「入感化院」、「吊銷執照或者營業許可證」指香港特別行政區相關法律規定的「取消註冊或註冊豁免，或者取消牌照」。(《港區國安法》第 64 條)

20. D

香港特別行政區行政長官應當就香港特別行政區維護國家安全事務向中央人民政府負責，並就香港特別行政區履行維護國家安全職責的情況提交年度報告。

如中央人民政府提出要求，行政長官應當就維護國家安全特定事項及時提交報告。(《港區國安法》第 11 條)

模擬試卷（三）答案：

1. B
2. D
3. D
4. B
5. C
6. D
7. C
8. A
9. B
10. C
11. D
12. B
13. B
14. A
15. A

16. D

有以下情形之一的，經香港特別行政區政府或者駐香港特別行政區維護國家安全公署提出，並報中央人民政府批准，由駐香港特別行政區維護國家安全公署對本法規定的危害國家安全犯罪案件行使管轄權：（一）案件涉及外國或者境外勢力介入的複雜情況，香港特別行政區管轄確有困難的；（二）出現香港特別行政區政府無法有效執行本法的嚴重情況的；（三）出現國家安全面臨重大現實威脅的情況的。（《港區國安法》第 55 條）

17. D

任何人在香港特別行政區內實施本法規定的犯罪的，適用本法。犯罪的行為或者結果有一項發生在香港特別行政區內的，就認為是在香港特別行政區內犯罪。在香港特別行政區註冊的船舶或者航空器內實施本法規定的犯罪的，也適用本法。（《港區國安法》第 36 條）

18. C

為外國或者境外機構、組織、人員竊取、刺探、收買、非法提供涉及國家安全的國家秘密或者情報的；請求外國或者境外機構、組織、人員實施，與外國或者境外機構、組織、人員串謀實施，或者直接或者間接接受外國或者境外機構、組織、人員的指使、控制、資助或者其他形式的支援實施以下行為之一的，均屬犯罪：
（一）對中華人民共和國發動戰爭，或者以武力或者武力相威脅，對中華人民共和國主權、統一和領土完整造成嚴重危害；（二）對香港特別行政區政府或者中央人民政府制定和執行法律、政策進行嚴重阻撓並可能造成嚴重後果；（三）對香港特別行政區選舉進行操控、破壞並可能造成嚴重後果；（四）對香港特別行政區或者中華人民共和國進行制裁、封鎖或者採取其他敵對行動；（五）通過各種非法方式引發香港特別行政區居民對中央人民政府或者香港特別行政區政府的憎恨並可能造成嚴重後果。

犯前款罪，處三年以上十年以下有期徒刑；罪行重大的，處無期徒刑或者十年以上有期徒刑。本條第一款規定涉及的境外機構、組織、人員，按共同犯罪定罪處刑。（《港區國安法》第 29 條）

19. B

駐香港特別行政區維護國家安全公署及其人員依據本法執行職務的行為，不受香港特別行政區管轄。

持有駐香港特別行政區維護國家安全公署制發的證件或者證明文件的人員和車輛等在執行職務時不受香港特別行政區執法人員檢查、搜查和扣押。

駐香港特別行政區維護國家安全公署及其人員享有香港特別行政區法律規定的其他權利和豁免。（《港區國安法》第 60 條）

20. D

防範、制止和懲治危害國家安全犯罪，應當堅持法治原則。法律規定為犯罪行為的，依照法律定罪處刑；法律沒有規定為犯罪行為的，不得定罪處刑。任何人未經司法機關判罪之前均假定無罪。保障犯罪嫌疑人、被告人和其他訴訟參與人依法享有的辯護權和其他訴訟權利。任何人已經司法程序被最終確定有罪或者宣告無罪的，不得就同一行為再予審判或者懲罰。（《港區國安法》第 5 條）

模擬試卷（四）答案：

1. C
2. A
3. D
4. A
5. A
6. D
7. A
8. B
9. C
10. A
11. D
12. D
13. A
14. D
15. B

16. C
中央人民政府對香港特別行政區有關的國家安全事務負有根本責任。香港特別行政區負有維護國家安全的憲制責任，應當履行維護國家安全的職責。香港特別行政區行政機關、立法機關、司法機關應當依據本法和其他有關法律規定有效防範、制止和懲治危害國家安全的行為和活動。(《港區國安法》第 3 條)

17. D
香港特別行政區執法、司法機關應當切實執行本法和香港特別行政區現行法律有關防範、制止和懲治危害國家安全行為和活動的規定，有效維護國家安全。(《港區國安法》第 8 條)

18. C
對高等法院原訟法庭進行的就危害國家安全犯罪案件提起的刑事檢控程序，律政司長可基於保護國家秘密、案件具有涉外因素或者保障陪審員及其家人的人身安全等理由，發出證書指示相關訴訟毋須在有陪審團的情況下進行審理。凡律政司長發出上述證書，高等法院原訟法庭應當在沒有陪審團的情況下進行審理，並由三名法官組成審判庭。凡律政司長發出前款規定的證書，適用於相關訴訟的香港特別行政區任何法律條文關於「陪審團」或者「陪審團的裁決」，均應當理解為指法官或者法官作為事實裁斷者的職能。(《港區國安法》第 46 條)

19. B

有以下情形之一的，經香港特別行政區政府或駐香港特別行政區維護國家安全公署提出，並報中央人民政府批准，由駐香港特別行政區維護國家安全公署對本法規定的危害國家安全犯罪案件行使管轄權：（一）案件涉及外國或者境外勢力介入的複雜情況，香港特 別行政區管轄確有困難的；（二）出現香港特別行政區政府無法有效執行本法的嚴重情況的；（三）出現國家安全面臨重大現實威脅的情況的。（《港區國安法》第 55 條）

20. A

為堅定不移並全面準確貫徹「一國兩制」、「港人治港」、高度自治的方針，維護國家安全，防範、制止和懲治與香港特別行政區有關的分裂國家、顛覆國家政權、組織實施恐怖活動和勾結外國或者境外勢力危害國家安全等犯罪，保持香港特別行政區的繁榮和穩定，保障香港特別行政區居民的合法權益，根據中華人民共和國憲法、中華人民共和國香港特別行政區基本法和全國人民代表大會關於建立健全香港特別行政區維護國家安全的法律制度和執行機制的決定，制定本法。（《港區國安法》第 1 條）

模擬試卷（五）答案：

1. C
2. B
3. B
4. C
5. D
6. D
7. B
8. A
9. A
10. A
11. B
12. B
13. C
14. D
15. A

16. B

駐香港特別行政區維護國家安全公署依據本法規定履行職責時，香港特別行政區政府有關部門須提供必要的便利和配合，對妨礙有關執行職務的行為依法予以制止並追究責任。（《港區國安法》第 61 條）

17. A

駐香港特別行政區維護國家安全公署的職責為：（一）分析研判香港特別行政區維護國家安全形勢，就維護國家安全重大戰略和重要政策提出意見和建議；（二）監督、指導、協調、支持香港特別行政區履行維護國家安全的職責；（三）收集分析國家安全情報信息；（四）依法辦理危害國家安全犯罪案件。（《港區國安法》第 49 條）

18. C

辦理本法規定的危害國家安全犯罪案件的有關執法、司法機關及其人員或者辦理其他危害國家安全犯罪案件的香港特別行政區執法、司法機關及其人員，應當對辦案過程中知悉的國家秘密、商業秘密和個人隱私予以保密。

擔任辯護人或者訴訟代理人的律師應當保守在執業活動中知悉的國家秘密、商業秘密和個人隱私。配合辦案的有關機構、組織和個人應當對案件有關情況予以保密。（《港區國安法》第 63 條）

19. C

香港特別行政區維護國家安全委員會的職責為：（一）分析研判香港特別行政區維護國家安全形勢，規劃有關工作，制定香港特別行政區維護國家安全政策；（二）推進香港特別行政區維護國家安全的法律制度和執行機制建設；（三）協調香港特別行政區維護國家安全的重點工作和重大行動。

香港特別行政區維護國家安全委員會的工作不受香港特別行政區任何其他機構、組織和個人的干涉，工作信息不予公開。香港特別行政區維護國家安全委員會作出的決定不受司法覆核。（《港區國安法》第 14 條）

20. B

鑑於《中華人民共和國香港特別行政區基本法》第 18 條規定，列於該法附件三的全國性法律，由香港特別行政區在當地公布或立法實施，並規定全國人民代表大會常務委員會在徵詢其所屬的香港特別行政區基本法委員會和香港特別行政區政府的意見後，可對列於該法附件三的法律作出增減。

又鑑於在 2020 年 6 月 30 日第十三屆全國人民代表大會常務委員會第二十次會議上，全國人民代表大會常務委員會在徵詢香港特別行政區基本法委員會和香港特別行政區政府的意見後，決定將《中華人民共和國香港特別行政區維護國家安全法》加入列於《中華人民共和國香港特別行政區基本法》附件三的全國性法律。

因此本人，香港特別行政區行政長官林鄭月娥，現公布：列於附表的《中華人民共和國香港特別行政區維護國家安全法》自 2020 年 6 月 30 日晚上 11 時起在香港特別行政區實施。（《港區國安法》引言）

模擬試卷（六）答案：

1. A
2. A
3. D
4. A
5. A
6. D
7. D
8. D
9. B
10. D
11. A
12. A
13. A
14. D
15. C

16. D。香港特別行政區設立維護國家安全委員會，負責香港特別行政區維護國家安全事務，承擔維護國家安全的主要責任，並接受中央人民政府的監督和問責。(《港區國安法》第 12 條)

17. A

駐香港特別行政區維護國家安全公署應當嚴格依法履行職責，依法接受監督，不得侵害任何個人和組織的合法權益。

駐香港特別行政區維護國家安全公署人員除須遵守全國性法律外，還應當遵守香港特別行政區法律。

駐香港特別行政區維護國家安全公署人員依法接受國家監察機關的監督。(《港區國安法》第 50 條)

18. D

鑑於《中華人民共和國香港特別行政區基本法》第 18 條規定，列於該法附件三的全國性法律，由香港特別行政區在當地公布或立法實施，並規定全國人民代表大會常務委員會在徵詢其所屬的香港特別行政區基本法委員會和香港特別行政區政府的意見後，可對列於該法附件三的法律作出增減。

又鑑於在 2020 年 6 月 30 日第十三屆全國人民代表大會常務委員會第二十次會議上，全國人民代表大會常務委員會在徵詢香港特別行政區基本法委員會和香港特別行政區政府的意見後，決定將《中華人民共和國香港特別行政區維護國家安全法》加入列於《中華人民共和國香港特別行政區基本法》附件三的全國性法律。
因此本人，香港特別行政區行政長官林鄭月娥，現公布：列於附表的《中華人民共和國香港特別行政區維護國家安全法》自 2020 年 6 月 30 日晚上 11 時起在香港特別行政區實施。(《港區國安法》引言)

19. B
警務處維護國家安全部門的職責為：(一) 收集分析涉及國家安全的情報信息；(二) 部署、協調、推進維護國家安全的措施和行動；(三) 調查危害國家安全犯罪案件；(四) 進行反干預調查和開展國家安全審查；(五) 承辦香港特別行政區維護國家安全委員會交辦的維護國家安全工作；(六) 執行本法所需的其他職責。(《港區國安法》第 17 條)

20. D
根據本法第 55 條規定管轄案件時，任何人如果知道本法規定的危害國家安全犯罪案件情況，都有如實作證的義務。(《港區國安法》第 59 條)

模擬試卷（七）答案：

1. D
2. C
3. D
4. C
5. D
6. B
7. B
8. B
9. D
10. D
11. A
12. C
13. D
14. B
15. A

16. C

香港特別行政區應當儘早完成香港特別行政區基本法規定的維護國家安全立法，完善相關法律。（《港區國安法》第 7 條）

17. A

維護國家主權、統一和領土完整是包括香港同胞在內的全中國人民的共同義務。

在香港特別行政區的任何機構、組織和個人都應當遵守本法和香港特別行政區有關維護國家安全的其他法律，不得從事危害國家安全的行為和活動。

香港特別行政區居民在參選或者就任公職時應當依法簽署文件確認或者宣誓擁護中華人民共和國香港特別行政區基本法，效忠中華人民共和國香港特別行政區。（《港區國安法》第 6 條）

18. B

香港特別行政區應當儘早完成香港特別行政區基本法規定的維護國家安全立法，完善相關法律。（《港區國安法》第 7 條）

19. D

中央人民政府在香港特別行政區設立維護國家安全公署。中央人民政府駐香港特別行政區維護國家安全公署依法履行維護國家安全職責，行使相關權力。駐香港特別行政區維護國家安全公署人員由中央人民政府維護國家安全的有關機關聯合派出。(《港區國安法》第 48 條)

20. B

鑑於《中華人民共和國香港特別行政區基本法》第 18 條規定，列於該法附件三的全國性法律，由香港特別行政區在當地公布或立法實施，並規定全國人民代表大會常務委員會在徵詢其所屬的香港特別行政區基本法委員會和香港特別行政區政府的意見後，可對列於該法附件三的法律作出增減。

又鑑於在 2020 年 6 月 30 日第十三屆全國人民代表大會常務委員會第二十次會議上，全國人民代表大會常務委員會在徵詢香港特別行政區基本法委員會和香港特別行政區政府的意見後，決定將《中華人民共和國香港特別行政區維護國家安全法》加入列於《中華人民共和國香港特別行政區基本法》附件三的全國性法律。(《港區國安法》引言)

模擬試卷（八）答案：

1. A
2. D
3. C
4. D
5. D
6. D
7. C
8. A
9. D
10. A
11. C
12. B
13. C
14. D
15. A

16. D

香港特別行政區管轄危害國家安全犯罪案件的立案偵查、檢控、審判和刑罰的執行等訴訟程序事宜，適用本法和香港特別行政區本地法律。

未經律政司長書面同意，任何人不得就危害國家安全犯罪案件提出檢控。但該規定不影響就有關犯罪依法逮捕犯罪嫌疑人並將其羈押，也不影響該等犯罪嫌疑人申請保釋。

香港特別行政區管轄的危害國家安全犯罪案件的審判循公訴程序進行。

審判應當公開進行。因為涉及國家秘密、公共秩序等情形不宜公開審理的，禁止新聞界和公眾旁聽全部或者一部分審理程序，但判決結果應當一律公開宣佈。（《港區國安法》第 41 條）

17. A

關於香港特別行政區法律地位的香港特別行政區基本法第 1 條和第 12 條規定是香港特別行政區基本法的根本性條款。香港特別行政區任何機構、組織和個人行使權利和自由，不得違背香港特別行政區基本法第 1 條和第 12 條的規定。（《港區國安法》第 2 條）

18. A

駐香港特別行政區維護國家安全公署應當加強與中央人民政府駐香港特別行政區聯絡辦公室、外交部駐香港特別行政區特派員公署、中國人民解放軍駐香港部隊的工作聯繫和工作協同。(《港區國安法》第 52 條)

19. D

為脅迫中央人民政府、香港特別行政區政府或者國際組織或者威嚇公眾以圖實現政治主張，組織、策劃、實施、參與實施或者威脅實施以下造成或者意圖造成嚴重社會危害的恐怖活動之一的，即屬犯罪：(一) 針對人的嚴重暴力；(二) 爆炸、縱火或者投放毒害性、放射性、傳染病病原體等物質；(三) 破壞交通工具、交通設施、電力設備、燃氣設備或者其他易燃易爆設備；(四) 嚴重干擾、破壞水、電、燃氣、交通、通訊、網絡等公共服務和管理的電子控制系統；(五) 以其他危險方法嚴重危害公眾健康或者安全。

犯前款罪，致人重傷、死亡或者使公私財產遭受重大損失的，處無期徒刑或者十年以上有期徒刑；其他情形，處三年以上十年以下有期徒刑。(《港區國安法》第 24 條)

20. B

駐香港特別行政區維護國家安全公署的經費由中央財政保障。(《港區國安法》第 51 條)

模擬試卷（九）答案：

1. D
2. B
3. D
4. A
5. A
6. B
7. D
8. A
9. B
10. D
11. D
12. D
13. A
14. A
15. D

16. A

香港特別行政區維護國家安全委員會設立國家安全事務顧問，由中央人民政府指派，就香港特別行政區維護國家安全委員會履行職責相關事務提供意見。國家安全事務顧問列席香港特別行政區維護國家安全委員會會議。（《港區國安法》第 15 條）

17. C

辦理本法規定的危害國家安全犯罪案件的有關執法、司法機關及其人員或者辦理其他危害國家安全犯罪案 件的香港特別行政區執法、司法機關及其人員，應當對辦案過程中知悉的國家秘密、商業秘密和個人隱私予以保密。

擔任辯護人或者訴訟代理人的律師應當保守在執業活動中知悉的國家秘密、商業秘密和個人隱私。配合辦案的有關機構、組織和個人應當對案件有關情況予以保密。（《港區國安法》第 63 條）

18. D

香港特別行政區設立維護國家安全委員會，負責香港特別行政區維護國家安全事務，承擔維護國家安全的主要責任，並接受中央人民政府的監督和問責。（《港區國安法》第 12 條）

19. C

香港特別行政區維護國家安全應當尊重和保障人權，依法保護香港特別行政區居民根據香港特別行政區基本法和《公民權利和政治權利國際公約》、《經濟、社會與文化權利的國際公約》適用於香港的有關規定享有的包括言論、新聞、出版的自由，結社、集會、遊行、示威的自由在內的權利和自由。(《港區國安法》第 4 條)

20. B

香港特別行政區應當通過學校、社會團體、媒體、網絡等開展國家安全教育，提高香港特別行政區居民的國家安全意識和守法意識。(《港區國安法》第 10 條)

模擬試卷（十）答案：

1. C
2. D
3. B
4. B
5. A
6. C
7. A
8. C
9. A
10. A
11. B
12. D
13. A
14. B
15. A

16. D

因實施本法規定的犯罪而獲得的資助、收益、報酬等違法所得以及用於或者意圖用於犯罪的資金和工具，應當予以追繳、沒收。(《港區國安法》第 32 條)

17. A

香港特別行政區應當儘早完成香港特別行政區基本法規定的維護國家安全立法，完善相關法律。(《港區國安法》第 7 條)

18. A

香港特別行政區維護國家安全委員會由行政長官擔任主席，成員包括政務司長、財政司長、律政司長、保安局局長、警務處處長、本法第 16 條規定的警務處維護國家安全部門的負責人、入境事務處處長、海關關長和行政長官辦公室主任。香港特別行政區維護國家安全委員會下設秘書處，由秘書長領導。秘書長由行政長官提名，報中央人民政府任命。(《港區國安法》第 13 條)

19. B

香港特別行政區應當加強維護國家安全和防範恐怖活動的工作。對學校、社會團體、媒體、網絡等涉及國家安全的事宜，香港特別行政區政府應當採取必要措施，加強宣傳、指導、監督和管理。(《港區國安法》第 9 條)

20. C

香港特別行政區行政長官應當就香港特別行政區維護國家安全事務向中央人民政府負責，並就香港特別行政區履行維護國家安全職責的情況提交年度報告。

如中央人民政府提出要求，行政長官應當就維護國家安全特定事項及時提交報告。(《港區國安法》第 11 條)

模擬試卷（十一）答案：

1. A
2. A
3. B
4. B
5. A
6. D
7. A
8. B
9. D
10. C
11. B
12. C
13. B
14. B
15. C

16. C

任何人經法院判決犯危害國家安全罪行的，即喪失作為候選人參加香港特別行政區舉行的立法會、區議會選舉或者出任香港特別行政區任何公職或者行政長官選舉委員會委員的資格；曾經宣誓或者聲明擁護中華人民共和國香港特別行政區基本法、效忠中華人民共和國香港特別行政區的立法會議員、政府官員及公務人員、行政會議成員、法官及其他司法人員、區議員，即時喪失該等職務，並喪失參選或者出任上述職務的資格。

前款規定資格或者職務的喪失，由負責組織、管理有關選舉 或者公職任免的機構宣佈。（《港區國安法》第 35 條）

17. C

為堅定不移並全面準確貫徹「一國兩制」、「港人治港」、高度自治的方針，維護國家安全，防範、制止和懲治與香港特別行政區有關的分裂國家、顛覆國家政權、組織實施恐怖活動和勾結外國或者境外勢力危害國家安全等犯罪，保持香港特別行政區的繁榮和穩定，保障香港特別行政區居民的合法權益，根據中華人民共和國憲法、中華人民共和國香港特別行政區基本法和全國人民代表大會關於建立健全香港特別行政區維護國家安全的法律制度和執行機制的決定，制定本法。（《港區國安法》第 1 條）

18. B

香港特別行政區本地法律規定與本法不一致的，適用本法規定。(《港區國安法》第 62 條)

19. B

鑑於《中華人民共和國香港特別行政區基本法》第 18 條規定，列於該法附件三的全國性法律，由香港特別行政區在當地公布或立法實施，並規定全國人民代表大會常務委員會在徵詢其所屬的香港特別行政區基本法委員會和香港特別行政區政府的意見後，可對列於該法附件三的法律作出增減。

又鑑於在 2020 年 6 月 30 日第十三屆全國人民代表大會常務委員會第二十次會議上，全國人民代表大會常務委員會在徵詢香港特別行政區基本法委員會和香港特別行政區政府的意見後，決定將《中華人民共和國香港特別行政區維護國家安全法》加入列於《中華人民共和國香港特別行政區基本法》附件三的全國性法律。

因此本人，香港特別行政區行政長官林鄭月娥，現公布：列於附表的《中華人民共和國香港特別行政區維護國家安全法》自 2020 年 6 月 30 日晚上 11 時起在香港特別行政區實施。(《港區國安法》引言)

20. C

香港特別行政區維護國家安全委員會的職責為：(一) 分析研判香港特別行政區維護國家安全形勢，規劃有關工作，制定香港特別行政區維護國家安全政策；(二) 推進香港特別行政區維護國家安全的法律制度和執行機制建設；(三) 協調香港特別行政區維護國家安全的重點工作和重大行動。

香港特別行政區維護國家安全委員會的工作不受香港特別行政區任何其他機構、組織和個人的干涉，工作信息不予公開。香港特別行政區維護國家安全委員會作出的決定不受司法覆核。(《港區國安法》第 14 條)

模擬試卷（十二）答案：

1. C
2. A
3. A
4. C
5. B
6. D
7. D
8. C
9. A
10. A
11. A
12. A
13. D
14. A
15. C

16. C

香港特別行政區維護國家安全委員會由行政長官擔任主席，成員包括政務司長、財政司長、律政司長、保安局局長、警務處處長、本法第 16 條規定的警務處維護國家安全部門的負責人、入境事務處處長、海關關長和行政長官辦公室主任。香港特別行政區維護國家安全委員會下設秘書處，由秘書長領導。秘書長由行政長官提名，報中央人民政府任命。（《港區國安法》第 13 條）

17. D

有以下情形的，對有關犯罪行為人、犯罪嫌疑人、被告人可以從輕、減輕處罰；犯罪較輕的，可以免除處罰：（一）在犯罪過程中，自動放棄犯罪或者自動有效地防止犯罪結果發生的（二）自動投案，如實供述自己的罪行的；（三）揭發他人犯罪行為，查證屬實，或者提供重要線索得以偵破其他案件的。

被採取強制措施的犯罪嫌疑人、被告人如實供述執法、司法機關未掌握的本人犯有本法規定的其他罪行的，按前款第二項規定處理。（《港區國安法》第 33 條）

18. A

香港特別行政區執法、司法機關在適用香港特別行政區現行法律有關羈押、審理期限等方面的規定時，應當確保危害國家安全犯罪案件公正、及時辦理，有效防範、制止和懲治危害國家安全犯罪。

對犯罪嫌疑人、被告人，除非法官有充足理由相信其不會繼續實施危害國家安全行為的，不得准予保釋。（《港區國安法》第 42 條）

19. A

任何人經法院判決犯危害國家安全罪行的，即喪失作為候選人參加香港特別行政區舉行的立法會、區議會選舉或者出任香港特別行政區任何公職或者行政長官選舉委員會委員的資格；曾經宣誓或者聲明擁護中華人民共和國香港特別行政區基本法、效忠中華人民共和國香港特別行政區的立法會議員、政府官員及公務人員、行政會議成員、法官及其他司法人員、區議員，即時喪失該等職務，並喪失參選或者出任上述職務的資格。

前款規定資格或者職務的喪失，由負責組織、管理有關選舉或者公職任免的機構宣佈。（《港區國安法》第 35 條）

20. A

參見《港區國安法》第 3 章，第 1、2、3、4 節名稱。

模擬試卷（十三）答案：

1. D
2. D
3. A
4. C
5. B
6. B
7. C
8. C
9. D
10. A
11. B
12. C
13. D
14. B
15. B

16. C

關於香港特別行政區法律地位的香港特別行政區基本法第 1 條和第 12 條規定是香港特別行政區基本法的根本性條款。香港特別行政區任何機構、組織和個人行使權利和自由，不得違背香港特別行政區基本法第 1 條和第 12 條的規定。(《港區國安法》第 2 條)

17. D

為外國或者境外機構、組織、人員竊取、刺探、收買、非法提供涉及國家安全的國家秘密或者情報的；請求外國或者境外機構、組織、人員實施，與外國或者境外機構、組織、人員串謀實施，或者直接或者間接接受外國或者境外機構、組織、人員的指使、控制、資助或者其他形式的支援實施以下行為之一的，均屬犯罪：

(一) 對中華人民共和國發動戰爭，或者以武力或者武力相威脅，對中華人民共和國主權、統一和領土完整造成嚴重危害；(二) 對香港特別行政區政府或者中央人民政府制定和執行法律、政策進行嚴重阻撓並可能造成嚴重後果；(三) 對香港特別行政區選舉進行操控、破壞並可能造成嚴重後果；(四) 對香港特別行政區或者中華人民共和國進行制裁、封鎖或者採取其他敵對行動；(五) 通過各種非法方式引發香港特別行政區居民對中央人民政府或者香港特別行政區政府的憎恨並可能造成嚴重後果。

犯前款罪，處三年以上十年以下有期徒刑；罪行重大的，處無期徒刑或者十年以上有期徒刑。本條第一款規定涉及的境外機構、組織、人員，按共同犯罪定罪處刑。(《港區國安法》第 29 條)

18. D

香港特別行政區行政長官應當就香港特別行政區維護國家安全事務向中央人民政府負責，並就香港特別行政區履行維護國家安全職責的情況提交年度報告。如中央人民政府提出要求，行政長官應當就維護國家安全特定事項及時提交報告。(《港區國安法》第 11 條)

19. C

為堅定不移並全面準確貫徹「一國兩制」、「港人治港」、高度自治的方針，維護國家安全，防範、制止和懲治與香港特別行政區有關的分裂國家、顛覆國家政權、組織實施恐怖活動和勾結外國或者境外勢力危害國家安全等犯罪，保持香港特別行政區的繁榮和穩定，保障香港特別行政區居民的合法權益，根據中華人民共和國憲法、中華人民共和國香港特別行政區基本法和全國人民代表大會關於建立健全香港特別行政區維護國家安全的法律制度和執行機制的決定，制定本法。(《港區國安法》第 1 條)

20. D

任何人煽動、協助、教唆、以金錢或者其他財物資助他人實施本法第 20 條規定的犯罪的，即屬犯罪。情節嚴重的，處五年以上十年以下有期徒刑；情節較輕的，處五年以下有期徒刑、拘役或者管制。(《港區國安法》第 21 條)

模擬試卷（十四）答案：

1. A
2. C
3. A
4. D
5. D
6. D
7. B
8. B
9. A
10. B
11. B
12. A
13. D
14. B
15. B

16. D

香港特別行政區設立維護國家安全委員會，負責香港特別行政區維護國家安全事務，承擔維護國家安全的主要責任，並接受中央人民政府的監督和問責。（《港區國安法》第 12 條）

17. A

關於香港特別行政區法律地位的香港特別行政區基本法第 1 條和第 12 條規定是香港特別行政區基本法的根本性條款。香港特別行政區任何機構、組織和個人行使權利和自由，不得違背香港特別行政區基本法第 1 條和第 12 條的規定。（《港區國安法》第 2 條）

18. A

關於香港特別行政區法律地位的香港特別行政區基本法第 1 條和第 12 條規定是香港特別行政區基本法的根本性條款。香港特別行政區任何機構、組織和個人行使權利和自由，不得違背香港特別行政區基本法第 1 條和第 12 條的規定。（《港區國安法》第 2 條）

19. B

防範、制止和懲治危害國家安全犯罪，應當堅持法治原則。法律規定為犯罪行為的，依照法律定罪處刑；法律沒有規定為犯罪行為的，不得定罪處刑。

任何人未經司法機關判罪之前均假定無罪。保障犯罪嫌疑人、被告人和其他訴訟參與人依法享有的辯護權和其他訴訟權利。任何人已經司法程序被最終確定有罪或者宣告無罪的，不得就同一行為再予審判或者懲罰。(《港區國安法》第 5 條)

20. C

中央人民政府對香港特別行政區有關的國家安全事務負有根本責任。香港特別行政區負有維護國家安全的憲制責任，應當履行維護國家安全的職責。香港特別行政區行政機關、立法機關、司法機關應當依據本法和其他有關法律規定有效防範、制止和懲治危害國家安全的行為和活動。(《港區國安法》第 3 條)

模擬試卷（十五）答案：

1. B	6. A	11. B
2. D	7. D	12. A
3. B	8. D	13. A
4. B	9. C	14. A
5. B	10. B	15. A

16. B

香港特別行政區政府警務處設立維護國家安全的部門，配備執法力量。

警務處維護國家安全部門負責人由行政長官任命，行政長官 任命前須書面徵求本法第 48 條規定的機構的意見。警務處維護國家安全部門負責人在就職時應當宣誓擁護中華人民共和國香港特別行政區基本法，效忠中華人民共和國香港特別行政區，遵守法律，保守秘密。

警務處維護國家安全部門可以從香港特別行政區以外聘請合格的專門人員和技術人員，協助執行維護國家安全相關任務。（《港區國安法》第 16 條）

17. B

有以下情形之一的，經香港特別行政區政府或者駐香港特別行政區維護國家安全公署提出，並報中央人民政府批准，由駐香港特別行政區維護國家安全公署對本法規定的危害國家安全犯罪案件行使管轄權：（一）案件涉及外國或者境外勢力介入的複雜情況，香港特別行政區管轄確有困難的；（二）出現香港特別行政區政府無法有效執行本法的嚴重情況的；（三）出現國家安全面臨重大現實威脅的情況的。（《港區國安法》第 55 條）

18. A

任何人在香港特別行政區內實施本法規定的犯罪的，適用本法。犯罪的行為或者結果有一項發生在香港特別行政區內的，就認為是在香港特別行政區內犯罪。在香港特別行政區註冊的船舶或者航空器內實施本法規定的犯罪的，也適用本法。(《港區國安法》第 36 條)

19. C

公司、團體等法人或者非法人組織實施本法規定的犯罪的，對該組織判處罰金。公司、團體等法人或者非法人組織因犯本法規定的罪行受到刑事處罰的，應責令其暫停運作或者吊銷其執照或者營業許可證。(《港區國安法》第 31 條)

20. C

宣揚恐怖主義、煽動實施恐怖活動的，即屬犯罪。情節嚴重的，處五年以上十年以下有期徒刑，並處罰金或者沒收財產；其他情形，處五年以下有期徒刑、拘役或者管制，並處罰金。(《港區國安法》第 27 條)

模擬試卷（十六）答案：

1. C	6. C	11. B
2. D	7. D	12. D
3. C	8. D	13. B
4. B	9. B	14. B
5. C	10. B	15. D

16. C

任何人組織、策劃、實施或者參與實施以下旨在分裂國家、破壞國家統一行為之一的，不論是否使用武力或者以武力相威脅，即屬犯罪：（一）將香港特別行政區或者中華人民共和國其他任何部分從中華人民共和國分離出去；（二）非法改變香港特別行政區或者中華人民共和國其他任何部分的法律地位；（三）將香港特別行政區或者中華人民共和國其他任何部分轉歸外國統治。

犯前款罪，對首要分子或者罪行重大的，處無期徒刑或者十年以上有期徒刑；對積極參加的，處三年以上十年以下有期徒刑；對其他參加的，處三年以下有期徒刑、拘役或者管制。（《港區國安法》第 20 條）

17. D

香港特別行政區律政司設立專門的國家安全犯罪案件檢控部門，負責危害國家安全犯罪案件的檢控工作和其他相關 法律事務。該部門檢控官由律政司長徵得香港特別行政區維護國家安全委員會同意後任命。

律政司國家安全犯罪案件檢控部門負責人由行政長官任命，行政長官任命前須書面徵求本法第 48 條規定的機構的意見。律政司國家安全犯罪案件檢控部門負責人在就職時應當宣誓擁護中華人民共和國香港特別行政區基本法，效忠中華人民共和國香港特別行政區，遵守法律，保守秘密。（《港區國安法》第 18 條）

18. B

中央人民政府對香港特別行政區有關的國家安全事務負有根本責任。香港特別行政區負有維護國家安全的憲制責任，應當履行維護國家安全的職責。

香港特別行政區行政機關、立法機關、司法機關應當依據本法和其他有關法律規定有效防範、制止和懲治危害國家安全的行為和活動。(《港區國安法》第 3 條)

19. B

香港特別行政區設立維護國家安全委員會，負責香港特別行政區維護國家安全事務，承擔維護國家安全的主要責任，並接受中央人民政府的監督和問責。(《港區國安法》第 12 條)

20. C

本法的解釋權屬於全國人民代表大會常務委員會。(《港區國安法》第 65 條)

PART THREE

《基本法》及《國安法》條文及附件

About Basic Law & National Security

A. 關於《基本法》

《基本法》於 1990 年 4 月 4 日由第七屆全國人民代表大會第三次會議通過，並獲正式頒布。

《基本法》是香港特別行政區的憲制性文件，它以法律的形式，明確闡述並落實國家對香港的基本方針，訂明「一國兩制」、「港人治港」和高度自治等重要理念，亦訂明了在香港特別行政區實行的各項制度，勾劃了香港特區未來的發展藍圖。

關於《基本法》的詳細內容，請掃瞄以下二維碼：

B. 關於《國安法》

香港特別行政區是中華人民共和國不可分離的部分，是一個享有高度自治的地方行政區域，直轄於中央人民政府。維護國家主權、安全和發展利益是香港特區的憲制責任，亦和香港市民息息相關。
鑑於香港特區面臨的國家安全風險日見突顯，故此，中央從國家層面制定《香港國安法》，以堵塞香港在國家安全方面的漏洞。

關於《國安法》的詳細內容，請掃瞄以下二維碼：

看得喜 放不低

創出喜閱新思維

書名　投考公務員 基本法及國安法測試 模擬試卷精讀（第二版）
BLNST Mock Papers
ISBN　9978-988-76628-6-0
定價　HK$128
出版日期　2023 年 5 月
作者　Fong Sir
責任編輯　文化會社公務員系列編輯部
版面設計　Rocksteddy
出版　文化會社有限公司
電郵　editor@culturecross.com
網址　www.culturecross.com
發行　聯合新零售（香港）有限公司
地址：香港鰂魚涌英皇道 1065 號東達中心 1304-06 室
電話：（852）2963 5300
傳真：（852）2565 0919
